全国建材行业创新规划教材
高等职业教育校企“双元”合作活页式教材

U1002231

工业窑炉废气污染控制与治理

主　编　李小娟　纪福顺
副主编　邵佳慧　王　莹
主　审　周美茹　康瑾瑜　赵健康

配套网课：请登录“智慧职教 MOOC”
https：//mooc. icve. com. cn
搜索“大气污染控制技术”课程

中国建材工业出版社

图书在版编目（CIP）数据

工业窑炉废气污染控制与治理 / 李小娟，纪福顺主编. -- 北京 : 中国建材工业出版社，2023. 1
全国建材行业创新规划教材 高等职业教育校企“双元”合作活页式教材
ISBN 978-7-5160-3397-5

Ⅰ. ①工… Ⅱ. ①李… ②纪… Ⅲ. ①工业炉窑—工业废气-废气治理-高等职业教育-教材 Ⅳ. ①X701

中国版本图书馆 CIP 数据核字（2021）第 247826 号

工业窑炉废气污染控制与治理
Gongye Yaolu Feiqi Wuran Kongzhi yu Zhili
主　编　李小娟　纪福顺
副主编　邵佳慧　王　莹
主　审　周美茹　康瑾瑜　赵健康

出版发行：中国建材工业出版社
地　　址：北京市海淀区三里河路 11 号
邮　　编：100831
经　　销：全国各地新华书店
印　　刷：中煤（北京）印务有限公司
开　　本：787mm×1092mm　1/16
印　　张：15. 5
字　　数：260 千字
版　　次：2023 年 1 月第 1 版
印　　次：2023 年 1 月第 1 次
定　　价：59. 80 元

本社网址：**www. jccbs. com**，微信公众号：**zgjcgycbs**
请选用正版图书，采购、销售盗版图书属违法行为

举报信箱：**zhangjie@ tiantailaw. com**　　举报电话：（**010**）**57811389**
本书如有印装质量问题，由我社市场营销部负责调换，联系电话：（**010**）**57811387**

前言

国务院、教育部先后印发的《国家职业教育改革实施方案》《职业院校教材管理办法》《“十四五”职业教育规划教材建设实施方案》等文件，明确提出建设一大批校企“双元”合作开发的国家规划教材，倡导使用新型活页式、工作手册式教材并配套开发信息化资源。根据文件精神结合材料工程系环境工程技术专业特点，本教材内容以国家职业标准为依据，以综合职业能力培养为目标，以典型工作任务为载体，以学生为中心，以能力培养为本位，将专业知识与企业生产相结合。

本教材特点如下：

1. 校企双元教材，实现产教深度融合

教材内容上：基于企业真实场景，依据时下最新环保政策、法规、技术规范或者最新标准，通过教材中的综合素质培养、知识拓展模块，展现生产实际案例和行业新业态、新水平、新技术，培养学生综合职业素养。

编写人员保障：本教材主编李小娟从事工业窑炉一线工作 10 年，从事教学工作 17 年；主编纪福顺从事工业窑炉生产一线领导工作 20 年，从事教学工作 3 年；主审周美茹从事工业窑炉生产一线领导工作 10 年，从事教学工作 20 年。

2. 数字资源，突破学习重难点

本课程配套建设了网络平台课程资源，广大读者可以登录“智慧职教 MOOC” https：//mooc. icve. com. cn 搜索“大气污染控制技术”课程学习。线上课程资源使学习者不受时空限制，随时随地学习，帮助学习者突破学习的重点及难点。

3. 课程思政，融入制度自信、责任担当意识

本课程思政内容融入新政策法规、新规范、新标准，融入疫情下科研团队无私奉献职业精神等生动鲜活的思政案例，将专业知识与价值传递相融合，在深入浅出和富有感染的课堂中实现“课程思政”教学目标。

4. 课程内容循序渐进，由浅入深

本教材按照基础知识巩固（专业内容引入）、专业能力培养（获取专业知识）、综合素质培养（案例，综合知识灵活运用）、知识拓展（提升专业综合素质）顺序组织内容，循序渐进，并在模块 2~5 中设计了考核项目，检验学习成果。

本书由河北建材职业技术学院李小娟、纪福顺担任主编，邵佳慧、王莹担任副主编。编写分工为：模块 1、模块 2 任务 2、模块 3、模块 4 任务 3 情景 1、模块 5 任务 1、模块 5 任务 2、各模块项目学习成果设计由河北建材职业技术学院李小娟编写；模块 2 任务 1、模块 4 任务 1、模块 4 任务 2 由河北建材职业技术学院邵佳慧编写；模块 4 任务 3 情景 2 由河北建材职业技术学院纪福顺编写；模块 5 任务 3、模块 5 任务 4 由河北建材职业技术学院王莹编写。

网络平台课程资源由河北建材职业技术学院李小娟、谢志峰、赵金柱、邵佳慧、王莹、王宙、周美茹、董春艳、赵春峰、安晓燕、张新星、曹竑楠、程呈，秦皇岛格瑞因环境工程有限公司高级工程师吴举，中国耀华玻璃集团公司安环部高级工程师王贤，秦皇岛市生态环保局康瑾瑜高级工程师共同完成。

本书在编写过程中，主编纪福顺提供了大量企业一线生产资料；中国耀华玻璃集团公司安环部部长赵健康高级工程师和秦皇岛市生态环保局康瑾瑜高级工程师对书稿模块 5 气态污染物净化治理中的任务 2 烟气脱硝净化治理进行了审阅并提出了宝贵意见；全书思政内容融入形式由周美茹设计，李小娟拟定编写大纲并负责统稿工作；本书由周美茹、康瑾瑜和赵健康担任主审。

本书可作为高职高专、高等院校应用型本科建材类、环境工程技术、环境科学及其他相关专业的教学用书，也可作为企业环保技术人员的参考用书和岗位培训技术用书。

本书引用了其他著作的一些资料和图表，在此表示衷心感谢。由于编者水平有限，书中疏漏、不妥之处，恳请广大读者批评指正，以便修订时改进。

编　者

2022 年 12 月

目录

模块 1

基础知识

任务 基础知识学习

学习情景描述

通过网络和书籍等途径了解空气污染现状和$PM_{2.5}$的危害，了解大气污染治理的重要性，增强专业认知，提升专业认同感。

学习目标

知识目标	技能目标	思政目标
1. 了解大气组成的基本概念； 2. 熟悉大气污染有关基本概念； 3. 熟悉大气污染物有关基本概念； 4. 了解环境空气质量、大气污染控制技术常用标准技术规范； 5. 熟悉大气污染控制对象及技术	1. 准确掌握相关概念； 2. 熟悉相关标准名称，熟悉相关标准、规范中的污染控制指标； 3. 熟悉颗粒物、气态污染物的综合治理措施	1. 培养学生团队协作精神； 2. 培养学生职业精神和创新意识； 3. 培养学生爱国情怀

任务书

掌握大气、大气污染、大气污染物、控制对象、常见标准等基础知识，熟悉工业企业的污染控制对象、控制技术，为从事环保工作奠定专业基础。

任务分组

表 1-1 学生任务分配表

<table>
<tr><td>班级</td><td></td><td>组号</td><td></td><td>指导老师</td><td></td></tr>
<tr><td>组长</td><td></td><td>学号</td><td></td><td></td><td></td></tr>
<tr><td>组员</td><td colspan="5"><table>
<tr><td>姓名</td><td>学号</td><td>姓名</td><td>学号</td></tr>
<tr><td></td><td></td><td></td><td></td></tr>
<tr><td></td><td></td><td></td><td></td></tr>
<tr><td></td><td></td><td></td><td></td></tr>
<tr><td></td><td></td><td></td><td></td></tr>
<tr><td></td><td></td><td></td><td></td></tr>
<tr><td></td><td></td><td></td><td></td></tr>
</table></td></tr>
<tr><td colspan="6">任务分工</td></tr>
<tr><td colspan="6"></td></tr>
</table>

基础知识巩固——专业内容引入

引导问题 1：雾霾天气下的个人防护

1. 雾霾天气下，你如何做？

____

____

2. 造成雾霾天气的原因是什么？

____

____

思政融入：雾霾的危害有哪些？《中华人民共和国大气污染防治法》规定的重污染天气条件下，有关政府部门采取的应对重污染的措施有哪些？体现了我国制度怎样的优越性？

小提示

个人防护：戴口罩、使用空气净化器，减少户外活动，积极参与环保活动，提升专业知识等。

造成雾霾天气的原因：大气稳定度、风、风速、湍流、地形地貌等。

思政融入：《中华人民共和国大气污染防治法》第九十六条规定：县级以上地方人民政府应当依据重污染天气的预警等级，及时启动应急预案，根据应急需要可以采取责令有关企业停产或者限产、限制部分机动车行驶、禁止燃放烟花爆竹、停止工地土石方作业和建筑物拆除施工、停止露天烧烤、停止幼儿园和学校组织的户外活动、组织开展人工影响天气作业等应急措施。

第九十七条规定：发生造成大气污染的突发环境事件，人民政府及其有关部门和相关企业事业单位，应当依照《中华人民共和国突发事件应对法》《中华人民共和国环境保护法》的规定，做好应急处置工作。生态环境主管部门应当及时对突发环境事件产生的大气污染物进行监测，并向社会公布监测信息。

我国的环保立法始终以“公众的健康”作为根本出发点，以为公众营造良好的生态环境为目标，体现了我党始终把广大人民根本利益放在心上，坚定不移增进民生福祉，把高质量发展同满足人民美好生活需要紧密结合起来。

专业能力培养——获取专业知识

引导问题 2：大气组成的基本概念

1. 什么是大气？

2. 什么是环境空气？

3. 大气与环境空气的关系如何？

4. 大气由哪些物质组成？

小提示

大气：按照国际标准化组织（ISO）给出的定义，大气是指环绕地球的空气总和。

环境空气：人类、植物、动物和建筑物暴露于其中的室外空气。

大气与环境空气的区别和联系：大气>环境空气　大气、空气→环境空气，对流层空气。

空气组成如图 1-1 所示。

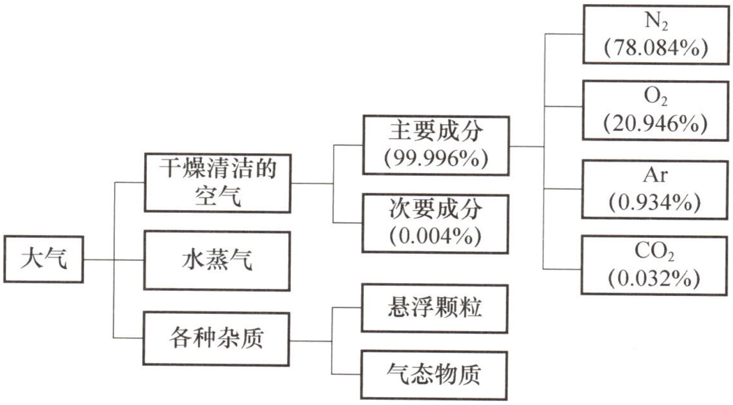

图 1-1　空气组成

引导问题 3：大气污染有关基本概念

1. 什么是大气污染？

2. 造成大气污染的原因有哪些？

3. 大气污染按照影响范围来分，可以分为哪几类？

4. 大气污染按原因和污染物组成来分，可以分成哪几类？

5. 什么是大气污染源？

6. 大气污染源如何分类？

7. 按产生类型分，下列污染源属于什么污染源？

(　　　　　　)

(　　　　　　)

(　　　　　　)

(　　　　　　)

小提示

大气污染：由于人类活动或自然过程使得某些物质进入大气中，呈现出足够的浓度，达到了足够的时间，并因此而危害了人体的舒适、健康和人们的福利，甚至危害了生态环境。

造成大气污染的原因为人类活动或自然过程。

大气污染按污染范围分类：局部地区污染、区域性污染、广域污染、全球性污染。

大气污染按原因和污染物组成分类：煤烟型污染、石油型污染、混合型污染、特殊型污染。

大气污染源：向大气排放足以对环境产生有害影响物质的生产过程、设备、物体或场所。它具有两层含义，一方面是指“污染物发生源”，另一方面是指“污染物来源”。

大气污染源的分类如图 1-2 所示。

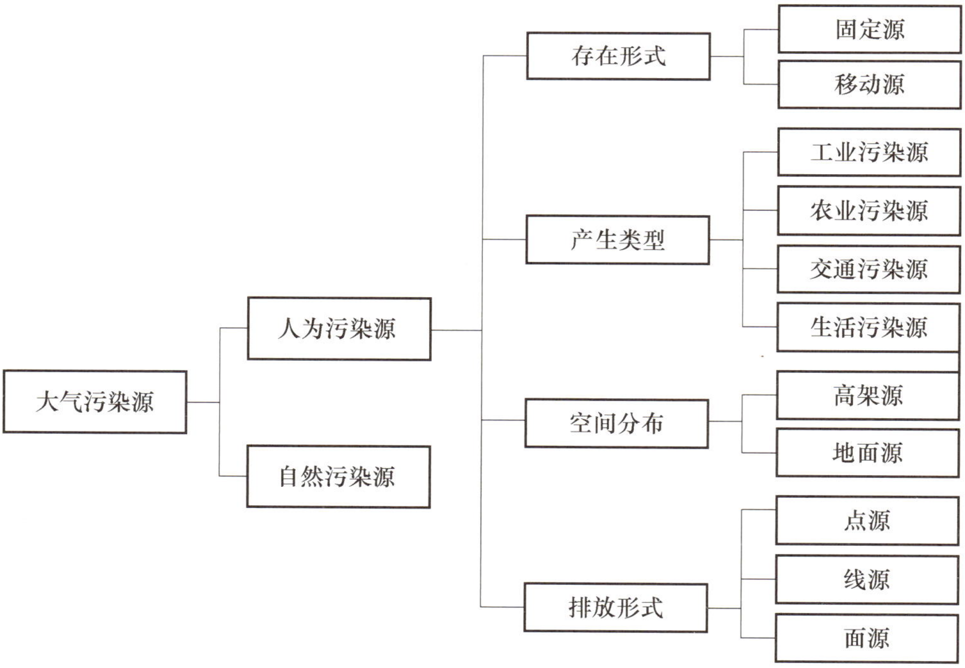

图 1-2　大气污染源的分类

引导问题 4：大气污染物有关基本概念

1. 什么是大气污染物？

2. 按照存在形态分，大气污染物分为哪几类？

3. 按照形成过程分，大气污染物分为哪几类？

小提示

大气污染物：由于人类活动或自然过程排入大气的并对人和环境产生有害影响的那些物质。

按照存在形态分，大气污染物分为颗粒污染物和气态污染物。

按照形成过程分，大气污染物分为一次污染物和二次污染物。

引导问题 5：大气污染控制技术常用标准技术规范

1. 确定环境空气质量的标准有哪些？请写出两个。

2. 污染物排放控制标准有哪些？请写出两个。

3. 标准技术规范中的标准状态的含义是什么？

思政融入：环境空气质量标准和污染物排放控制标准之间的关系如何？受到什么启发？

小提示

环境空气质量标准：《环境空气质量标准》GB 3095—2012

《室内空气质量标准》GB/T 18883—2022

污染物排放控制标准：《锅炉大气污染物排放标准》GB 13271—2014

《火电厂大气污染物排放标准》GB 13223—2011

《水泥工业大气污染物排放标准》GB 4915—2013

《大气污染物综合排放标准》GB 16297—1996

标准状态：温度 273K，大气压 101. 325kPa 的状态。

思政融入：环境空气质量标准是一定时期内衡量环境优劣程度的标准，从某种意义上讲是环境质量的目标标准。污染物排放控制标准是对排入环境的有害物质和产生污染的各种因素所做的限制性规定，是实现环境质量标准的主要手段和措施。在成功的路上，没有捷径可走，只有确定目标，心无旁骛，不断丰富自己的专业知识，才能实现自己的社会价值，走向成功。

引导问题 6：大气污染控制对象及技术

1. 大气污染控制的对象是什么？

---

2. 大气污染控制的思路是什么？

---

3. 大气污染控制技术主要有哪些？试举例说明。

小提示

大气污染控制的对象主要是人为活动，特别是燃料燃烧、工业生产过程、农业生产过程和交通运输所排放的含有污染物的废气，具体到污染物指的是颗粒污染物、二氧化硫、氮氧化物、挥发性有机物等。

大气污染控制的思路是源头控制、过程控制和末端治理。

大气污染控制技术主要有洁净燃烧技术、烟气达标排放技术、除尘技术、气态污染物净化技术等。

综合素质培养——提升专业综合素质

引导问题 7：基本概念准确把握

以下属于废气污染源的有哪些？

A. 14MW 的燃煤链条热水锅炉

B. “SNCR 脱硝-布袋除尘-湿电除尘-MgO/鼓泡塔脱硫”烟气治理成套设备

C. 45m 高的燃煤烟气排气筒

D. 露天设置的粉煤灰、炉渣储存场

E. 墙体设有排气扇的密闭储煤间

F. 燃煤锅炉配套引风机、鼓风机

G. 废脱硝催化剂储存间

小提示

答案：C、D、E、F、G。

答案解析：有组织废气污染源指烟囱、排气筒等点源；无组织废气污染源指车间、罐区、堆场等面源、体源、线源。

引导问题 8：理论联系实际知识掌握

在我国的环境空气质量标准中，颗粒污染物根据颗粒大小分为哪几类？

小提示

答案：TSP、PM_{10}、$PM_{2.5}$。具体定义特点如下：

粒径（μm）	名称	单位	特点
≤100	TSP	环境空气中空气动力学当量直径小于等于 100μm 的颗粒物	
≤10	PM_{10}	环境空气中空气动力学当量直径小于等于 10μm 的颗粒物，也称可吸入颗粒物	能长期飘浮于大气中
≤2.5	$PM_{2.5}$	环境空气中空气动力学当量直径小于等于 2.5μm 的颗粒物，也称细颗粒物	能长期飘浮于大气中，对人体危害较大

引导问题 9：行业污染因子控制对象

锅炉烟气重点监测的污染因子包括哪些？

小提示

答案：颗粒污染物、二氧化硫、氮氧化物、汞及其化合物、烟气黑度。

专业能力评价——量化考核，综合评价

学生进行自评，评价自己是否能够完成引导问题的学习，是否能全面正确分析企业生产中遇到的类似问题；老师根据学生的纪律性、协作性、实训报告完成情况、知识掌握情况进行评价。

（1）学生根据自己对问题的回答情况及素质问题进行自我评价，将评价结果填于表 1-2。

表 1-2　学生自评表

班级：	姓名：	学号：	
模块 1	基础知识		
评价项目	评价标准	分值	得分
生活中的污染防护	举例贴切，分析正确	10	
大气组成基本概念	表述准确	10	
大气污染有关基本概念	表述准确	10	
大气污染物有关基本概念	表述准确	10	
大气污染控制技术常用标准技术规范	表述准确	10	
大气污染控制对象及技术	表述准确	10	
综合素质	分析全面，表述准确	10	
学习态度	态度端正，无无故迟到、早退现象	5	
协作能力	与小组同学能合作交流，协作完成任务	5	
职业素质	综合能力强，能够从环保角度看待问题	5	
爱国情怀	学习和回答问题体现爱党、爱国、爱人民	5	
创新意识	有自己独到的见解	10	
合计		100	

（2）以小组为单位，对上述学习内容、结果、态度及队内表现进行互评，将评价结果填于表 1-3。

表 1-3　学生互评表

被评价人：															
评价人：															
评价项目	分值	等级								评价对象					
										1	2	3	4	5	6
爱国情怀	20	优	20	良	17	中	15	差	10						
团队合作	10	优	10	良	8	中	7	差	5						
组织秩序	10	优	10	良	8	中	7	差	5						
团队贡献	20	优	20	良	17	中	15	差	10						
学习能力	10	优	10	良	8	中	7	差	5						
创新意识	20	优	20	良	17	中	15	差	10						
合计	100														

（3）教师对学生工作过程、知识综合利用能力进行评价，并将评价结果填于表 1-4。

表 1-4　教师综合评价表

班级：		姓名：	学号：	
评价教师：				
评价项目		评价标准	分值	得分
考勤（10%）		无无故迟到、早退现象	10	
职业素质（60%）	城市空气质量达标状况判断	正确说出判断标准名称及功能分区	10	
	大气组成的基本概念	表述准确	10	
	大气污染有关基本概念	表述准确，熟练掌握	10	
	大气污染物有关基本概念	表述准确，熟练掌握	10	
	大气污染控制技术常用标准技术规范	表述准确，熟练掌握	10	
	大气污染控制对象及技术	表述准确，熟练掌握	5	
	拓展知识	表述准确，熟练掌握	5	
思政素质（30%）	学习态度	态度端正，认真主动	10	
	协作能力	与小组同学能合作交流，协作完成任务	5	
	爱国情怀	学习和回答问题体现爱党、爱国、爱人民	5	
	职业精神	有良好的职业道德和职业精神	5	
	创新意识	有自己独到的见解	5	
合计			100	
综合得分	自评（40%）	小组互评（30%）	教师评价（30%）	综合得分

知识拓展——提升专业综合素质

引导问题 10：如何判断你所在城市的空气质量状况？

1. 你所处的城市环境空气质量是否合格的判断依据是什么？

____

____

____

____

2. 表征环境空气质量状况的基本污染物包括哪些？

小提示

1. 根据所处环境的功能区划，对标《环境空气质量标准》GB 3095—2012 浓度限值进行判断。

2. 表征环境空气质量状况的基本污染物包括六项，即二氧化硫、二氧化氮、一氧化碳、臭氧、$PM_{2.5}$ 及 PM_{10}。

任务学习成果检验
含铅废气污染物达标判断及综合治理措施

项目导读

本模块主要学习了工业废气污染的有关基本概念、相关标准和规范，通过学习掌握了基本概念，了解了相关标准、规范和政策，同时树立了综合治理意识。

学习目标

知识目标	1. 熟悉基本概念； 2. 熟悉相关标准、规范和政策中的环保要求
能力/技能目标	1. 对照标准规范，能够进行达标判断； 2. 能够初步提出比较综合的污染治理方案
职业素养目标	养成细心和耐心的习惯，树立环保责任意识

学习成果

为了检查你对基础知识的掌握情况，特设计了本学习任务，作为本模块的学习成果，期望你能按时、高质量完成。

一、学习成果——案例分析

学习成果名称：含铅废气污染物达标判断及综合治理措施

案例：某铅酸蓄电池企业改、扩建工程，生产工艺流程如图 1-3 所示。

现有工程采用“旋风+水喷淋”或布袋除尘处理含铅废气，采用碱液喷淋洗涤处理硫酸雾。制板栅工段的铅污染碱液喷淋洗涤处理硫酸雾。制板栅工段的铅污染物排放浓度监测结果如表 1-5 所示。

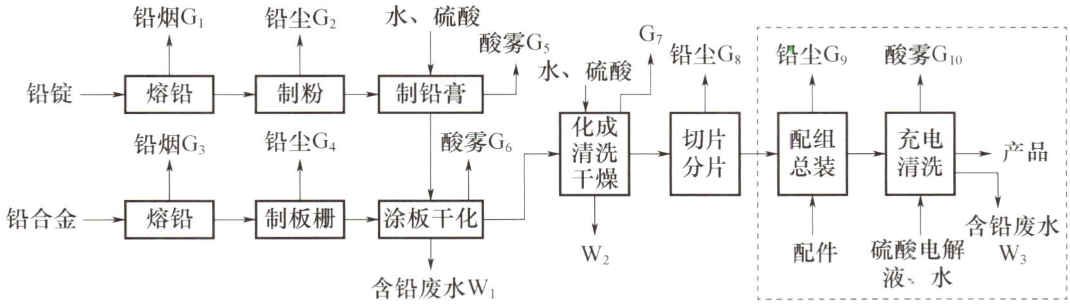

图 1-3　生产工艺流程图

表 1-5　现有工程生产线制板栅工段含铅废气监测结果

工段	风量（m^3/h）	初始浓度（mg/m^3）	终了浓度（mg/m^3）	排气筒高度（m）
制板栅	4.0×10^4	4.26	0.34	15

改、扩建方案为：保留一条生产线，拆除另一条生产线中的熔铅、制粉、制铅膏、制板栅、涂板、化成、切片等前段工序，将其配组总装工序生产能力扩大 1 倍。

问题：

1.《大气污染物综合排放标准》中规定铅排放浓度限值 0.70mg/m^3，排气筒高 15m 时排放速率限值 0.004kg/h；《工业炉窑大气污染物排放标准》规定铅排放浓度限值 0.10mg/m^3，本项目进行铅污染排放达标判断时采用哪个标准？

2. 评价保留的生产线制板栅工段铅污染物排放达标情况。

3. 分析现有工程存在的主要环境保护问题并提出综合治理措施。

二、学习成果评价要求

评价按照：

优秀（85 分以上）

合格（70~84 分）

不合格（低于 70 分）

评价要求（共 100 分）	优秀（分）	合格（分）	不合格（分）	评分
内容完成 30	完整齐全正确 28~30	基本齐全 24~28	问题明显<24	
原因分析全面 20	较全面 18~20	基本全面 15~18	不够全面<15	
措施合理 30	较合理 28~30	基本合理 24~28	不够合理<15	
按时完成 20	按时完成 18~20	延迟 2 日或 8 小时以内 15~18	延迟 2 日或 8 小时以上<15	
合计				

模块 2

洁净燃烧控制

任务1 燃料燃烧主要污染物形成机制

学习情景描述

通过观看本课程配套网络平台课相关课程资源，初步了解氮氧化物、硫氧化物的分类，以及形成机制和颗粒污染物的形成机制。

学习目标

知识目标	技能目标	思政目标
1. 熟悉硫氧化物的形成机制； 2. 熟悉氮氧化物的形成机制； 3. 熟悉燃煤粉尘的形成机制； 4. 熟悉炭粒子的形成机制	1. 通过硫氧化物、氮氧化物、颗粒物形成机制，能提出减少排放量的措施； 2. 能够根据工艺，准确分析主要污染物，并能提出减少排放量的措施	1. 具备良好的学习态度、团队协作精神； 2. 具有创新意识； 3. 增强制度自信

任务书

掌握燃料燃烧过程中主要污染物的形成机制，通过合理选择设备、调整工艺参数，在生产过程中减少主要污染物的排放。

任务分组

表 1-1 学生任务分配表

<table>
<tr><td>班级</td><td></td><td>组号</td><td></td><td>指导老师</td><td></td></tr>
<tr><td>组长</td><td></td><td>学号</td><td></td><td></td><td></td></tr>
<tr><td rowspan="7">组员</td><td>姓名</td><td>学号</td><td>姓名</td><td colspan="2">学号</td></tr>
<tr><td></td><td></td><td></td><td colspan="2"></td></tr>
<tr><td></td><td></td><td></td><td colspan="2"></td></tr>
<tr><td></td><td></td><td></td><td colspan="2"></td></tr>
<tr><td></td><td></td><td></td><td colspan="2"></td></tr>
<tr><td></td><td></td><td></td><td colspan="2"></td></tr>
<tr><td></td><td></td><td></td><td colspan="2"></td></tr>
<tr><td colspan="6">任务分工</td></tr>
</table>

基础知识巩固——专业内容引入

引导问题 1：燃烧过程中产生的主要大气污染物质有哪些？

1. 按化学成分分，燃烧过程中产生的硫氧化物主要有哪些？

2. 燃烧过程中产生的氮氧化物主要有哪些？

3. 燃烧过程中产生的颗粒物质主要有哪些？

小提示

硫氧化物主要是指 SO_2 和 SO_3；氮氧化物主要有 N_2O、NO、NO_2、NO_3、N_2O_3、N_2O_4、N_2O_5 七种不同的氧化物，其中 NO、NO_2 是造成大气污染的主要污染物，通常所说的氮氧化物就是指 NO 和 NO_2；燃烧过程中产生的颗粒污染物主要是燃烧不完全形成的炭黑、结构复杂的有机物、烟尘和飞灰等。

专业能力培养——获取专业知识

引导问题 2：燃烧过程中形成的污染物的种类有哪些？

1. 根据产生条件，硫氧化物分哪几类？

____

____

2. 燃烧过程中产生的氮氧化物分哪几类？

____

____

3. 燃烧过程中产生的颗粒污染物质有哪些？

____

____

小提示

硫氧化物主要分为低温硫和高温硫。低温硫以有机硫为主，在 750℃以下开始析出；高温硫以单质硫和硫铁矿硫为主，在 800℃以上才开始大量析出。

燃烧过程中产生的 NO_x 分为三类：一类是在高温燃烧时空气中的 N_2 和 O_2 反应生成的 NO_x，称为热力型 NO_x；另一类是通过燃料中有机氮经过化学反应生成的 NO_x，称为燃料型 NO_x；第三类是火焰边缘形成的快速型 NO_x，由于生成量很少，一般不考虑。因此可以认为热力型 NO_x 和燃料型 NO_x 生成量之和即为燃烧产生的 NO_x 的总量。

颗粒物质主要有随烟气一起排出的固态颗粒物飞灰和气、液燃料燃烧形成的炭粒子。

引导问题 3：污染物形成过程中发生反应的化学方程式或形成机制主要有哪些？

1. 硫氧化物形成的主要化学反应方程式。

2. 热力型 NO_x 形成的主要化学反应方程式。

3. 燃料型 NO_x 形成的主要化学反应方程式。

4. 燃煤粉尘的形成机制。

5. 炭粒子的形成机制。

小提示

元素硫的燃烧：$S+O_2 = SO_2$ $SO_2+1/2O_2 = SO_3$

硫化物的燃烧：$4FeS_2+11O_2 = 2Fe_2O_3+8SO_2$ $SO_2+1/2O_2 = SO_3$

有机硫的燃烧：$CH_3CH_2SCH_2CH_3 \longrightarrow H_2S+H_2+C+C_2H_4$

$2H_2S+3O_2 = 2SO_2+2H_2O$ $SO_2+1/2O_2 = SO_3$

热力型 NO_x：$N_2+O_2 = 2NO$ $2NO+O_2 = 2NO_2$

燃料型 NO_x：燃料中的氮经过燃烧有 20%～70%转化成燃料型 NO_x。燃料型 NO_x 的发生机制目前尚不完全清楚。一般认为，燃料中的氮化合物首先发生热分解形成中间产物，然后再经氧化生成 NO，燃料型 NO_x 主要是 NO，在一般锅炉烟道气中只有不到 10%的 NO 氧化成 NO_2。

煤在非常理想的燃烧条件下，可以完全燃烧，即挥发分和固定碳都被氧化成二氧化碳，余下为灰分。如果燃烧条件不够理想，在高温时会发生热解作用，形成多环化合物而产生黑烟。据测定，在黑烟中含有苯并芘、苯并蒽等芳香族化合物，是极其有害的污染物。煤粉越细，挥发分及燃烧的火焰越高，燃烧的时间就越短，如果其他燃烧条件满足时，燃烧就越完全，产生的黑烟等污染物就越少。

积炭由大量粗糙的球形粒子结成，直径在10～20μm的范围，随火焰的形式而明显改变。一般认为，积炭的形成有三个阶段，即核化过程、核表面的非均质反应、凝聚过程。

综合素质培养——提升专业综合素质

引导问题4：基本概念准确把握

判断正误

1. 煤中的可燃硫在燃烧过程中均能被氧化生成SO_2。（　　）
2. 燃料中的氮经过燃烧有20%～70%转化成NO_x。（　　）
3. 燃烧过程中产生的多环化合物是由于燃烧不完全造成的。（　　）

小提示

√、×、√

引导问题5：某铅酸蓄电池企业拟对现有两条生产能力均为25万kV·A·h/a的生产线（生产工艺流程见图2-1）实施改、扩建工程。

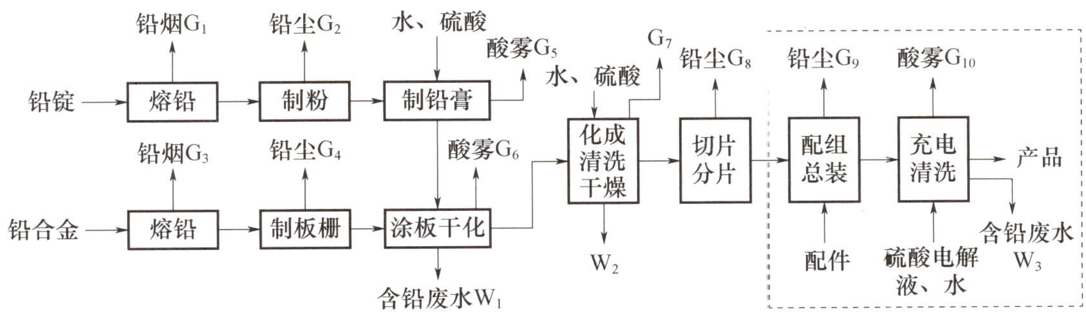

图2-1　生产工艺流程

请指出生产工艺流程图中G7的主要污染物。

小提示

G7 主要污染物为：铅尘、硫酸雾。

引导问题 6：减少氮氧化物生成的工艺措施有哪些？

小提示

为了提高 NO_x 的生成量，可以采取使用低氮燃料、降低燃烧温度，减少过量空气，缩短气体在高温区停留的时间等措施。

思政教育——增强制度自信

引导问题 7：根据如下政策内容，讨论分析降低污染物产生的措施有哪些？你还知道哪些为留住美丽蓝天而制定的法律法规及政策？

2018 年 6 月，中共中央、国务院印发《关于全面加强生态环境保护 坚决打好污染防治攻坚战的意见》（中发〔2018〕17 号）。其中有关打赢蓝天保卫战内容提到：大力推进散煤治理和煤炭消费减量替代，增加清洁能源使用，拓宽清洁能源消纳渠道，落实可再生能源发电全额保障性收购政策。安全高效发展核电。推动清洁低碳能源优先上网。加快重点输电通道建设，提高重点区域接受外输电比例。因地制宜、加快实施北方地区冬季清洁取暖五年规划。鼓励余热、浅层地热能等清洁能源取暖。加强煤层气（煤矿瓦斯）综合利用，实施生物天然气工程。到 2020 年，京津冀及周边、汾渭平原的平原地区基本完成生活和冬季取暖散煤替代；北京、天津、河北、山东、河南及珠三角区域煤炭消费总量比 2015 年年均下降 10%左右，上海、江苏、浙江、安徽及汾渭平原煤炭消费总量均下降 5%左右；重点区域基本淘汰每小时 35 蒸吨以下燃煤锅炉。推广清洁高效燃煤锅炉。

思政融入：通过散煤治理和煤炭消费减量替代、增加清洁能源使用、安全高效发展核电、推动清洁低碳能源优先上网、鼓励余热和浅层地热能等清洁能源取暖、加强煤层气（煤矿瓦斯）综合利用、实施生物天然气工程等一系列措施，减少污染物的排放量，实现蓝天保卫战的胜利。

煤炭属于高污染、高消耗的燃料，减少煤炭的使用量可以从源头降低污染物的排放量。

除了《关于全面加强生态环境保护　坚决打好污染防治攻坚战的意见》外，《中华人民共和国环境保护法》《中华人民共和国大气污染防治法》《大气污染防治行动计划》《打赢蓝天保卫战三年行动计划》《工业窑炉大气污染综合治理方案》等相关法律法规和条文中均对燃煤污染及其防治，清洁能源替代、清洁生产做出了规定，为留住美丽蓝天，实现蓝天保卫战胜利和为保障公众健康保驾护航。

专业能力评价——量化考核，综合评价

学生进行自评，评价自己是否能够完成引导问题的学习，是否能全面正确分析企业生产中遇到的案例问题；老师根据学生的纪律性、协作性、实训报告完成情况、知识掌握情况进行评价。

（1）学生根据自己对问题的回答情况及素质问题进行自我评价，将评价结果填于表 2-2。

表 2-2　学生自评表

班级：	姓名：		学号：
学习任务 1	燃料燃烧主要污染物形成机制		
评价项目	评价标准	分值	得分
燃烧过程中产生的主要污染物	表述准确	10	
燃烧过程中形成的污染物种类	表述准确	15	
燃烧过程中的主要化学方程式	表述准确	10	
燃烧过程中污染物的形成机制	表述准确	15	
综合素质	基本概念把握准确、案例分析正确、相关法律法规条文熟悉	15	

续表

班级：	姓名：	学号：	
学习任务 1	燃料燃烧主要污染物形成机制		
评价项目	评价标准	分值	得分
学习态度	态度端正，无无故迟到、早退现象	5	
协作能力	与小组同学能合作交流，协作完成任务	5	
职业素质	综合能力强，能够从环保角度看待问题	5	
创新意识	有自己独到的见解	10	
制度自信	有法制意识、有责任感	10	
合计		100	

（2）以小组为单位，对上述学习内容、结果、态度及队内表现进行互评，将评价结果填于表 2-3。

表 2-3　学生互评表

被评价人：															
评价人：															
评价项目	分值	等级								评价对象					
										1	2	3	4	5	6
团队合作	10	优	10	良	8	中	7	差	5						
案例分析	20	优	20	良	17	中	15	差	10						
团队贡献	20	优	20	良	17	中	15	差	10						
学习态度	10	优	10	良	8	中	7	差	5						
学习能力	10	优	10	良	8	中	7	差	5						
创新意识	10	优	10	良	8	中	7	差	5						
制度自信	10	优	10	良	8	中	7	差	5						
合计	100														

（3）教师对学生工作过程、知识综合利用能力进行评价，并将评价结果填于表 2-4。

表 2-4　教师综合评价表

<table>
<tr><td colspan="2">班级：</td><td>姓名：</td><td colspan="2">学号：</td></tr>
<tr><td colspan="5">评价教师：</td></tr>
<tr><th colspan="2">评价项目</th><th>评价标准</th><th>分值</th><th>得分</th></tr>
<tr><td colspan="2">考勤（10%）</td><td>无无故迟到、早退现象</td><td>10</td><td></td></tr>
<tr><td rowspan="5">职业素质（65%）</td><td>燃烧过程中产生的主要污染物</td><td>表述准确，熟练掌握</td><td>15</td><td></td></tr>
<tr><td>燃烧过程中形成的污染物种类</td><td>表述准确，熟练掌握</td><td>10</td><td></td></tr>
<tr><td>燃烧过程中的主要化学方程式</td><td>表述准确，熟练掌握</td><td>15</td><td></td></tr>
<tr><td>燃烧过程中污染物的形成机制</td><td>表述准确，熟练掌握</td><td>15</td><td></td></tr>
<tr><td>专业知识灵活运用</td><td>表述准确，熟练掌握</td><td>10</td><td></td></tr>
<tr><td rowspan="5">思政素质（25%）</td><td>学习态度</td><td>态度端正，认真主动</td><td>5</td><td></td></tr>
<tr><td>协作能力</td><td>与小组同学能合作交流，协作完成任务</td><td>5</td><td></td></tr>
<tr><td>职业素质</td><td>专业知识扎实，环保意识强，责任感强</td><td>5</td><td></td></tr>
<tr><td>创新意识</td><td>能够提出新颖的想法，有自己独到的见解</td><td>5</td><td></td></tr>
<tr><td>制度自信</td><td>熟悉相关法律法规，法制意识强</td><td>5</td><td></td></tr>
<tr><td colspan="3">合计</td><td>100</td><td></td></tr>
</table>

<table>
<tr><td rowspan="2">综合得分</td><td>自评（40%）</td><td>小组互评（30%）</td><td>教师评价（30%）</td><td>综合得分</td></tr>
<tr><td></td><td></td><td></td><td></td></tr>
</table>

任务2 洁净燃烧措施与控制

学习情景描述

通过观看本课程配套网络平台课相关课程资源，对洁净燃烧控制有一定的认识。找到学习难点和重点，对接下来的深入学习做到有的放矢。

学习目标

知识目标	技能目标	思政目标
1. 了解我国的能源结构，明确大气污染源； 2. 熟悉并掌握二氧化硫低排放源头和过程控制措施； 3. 掌握燃料燃烧过程中固硫措施； 4. 熟悉并掌握降低氮氧化物排放的源头和过程控制措施； 5. 了解《中华人民共和国大气污染防治法》有关燃煤污染防治的政策	1. 会进行空气量、烟气量基本计算； 2. 熟练掌握气态方程，会进行标准状态和非标准状态浓度换算； 3. 能够灵活运用专业知识，综合分析实际问题	1. 培养学生团队协作精神； 2. 培养学生职业精神和创新能力； 3. 培养学生制度自信

任务书

运用所学知识，分析硫氧化物、氮氧化物减排的机理；具有一定的计算能力，计算烟气产生量、空气需求量，为实际工作中的设备选型提供理论依据；了解有关法律法规，为成为懂法、执法、守法的环保工作者奠定基础。

任务分组

表 2-5　学生任务分配表

<table>
<tr><td>班级</td><td></td><td>组号</td><td></td><td>指导老师</td><td></td></tr>
<tr><td>组长</td><td></td><td>学号</td><td></td><td></td><td></td></tr>
<tr><td>组员</td><td colspan="5"><table><tr><td>姓名</td><td>学号</td><td>姓名</td><td>学号</td></tr><tr><td></td><td></td><td></td><td></td></tr><tr><td></td><td></td><td></td><td></td></tr><tr><td></td><td></td><td></td><td></td></tr><tr><td></td><td></td><td></td><td></td></tr><tr><td></td><td></td><td></td><td></td></tr><tr><td></td><td></td><td></td><td></td></tr></table></td></tr>
<tr><td colspan="6">任务分工</td></tr>
</table>

基础知识巩固——专业内容引入

引导问题 1：我国的能源结构

1. 目前我国的能源结构以什么为主?

2. 煤炭中哪些有害成分可以造成大气污染?

小提示

我国能源结构以煤为主，占 60%左右，油气占比 30%，包括核能在内的新能源 10%左右，近年来中国在大力发展可再生能源，但从能源结构上看，变化不大。

煤炭中的硫元素、氮元素、灰分、重金属元素等可以形成硫氧化物、氮氧化物、颗粒物、重金属及其化合物等而造成大气污染。

专业能力培养——获取专业知识

引导问题 2：燃料的燃烧

1. 理想燃烧的 3T1E 原则的含义。

____

____

2. 简述理论空气量、空气过剩系数、空燃比的含义。

____

____

3. 理论空气量计算的假定条件是什么？

____

____

4. 简述理论烟气量（体积）、实际烟气体积含义。

____

____

小提示

影响燃烧的主要因素有：燃烧过程提供的空气量；燃料的着火温度和炉膛温度；燃料与氧气在炉膛高温区停留的时间；燃料与空气的混合状况。通常把温度（Temperature）、时间（Time）、湍流（Torrent）和过剩空气（Excess Air）称为“3T1E”因素。当这些燃烧条件都处于理想状态时，绝大多数燃料能够完全燃烧，燃烧的产物基本上是 CO_2 和 H_2O。如果燃烧条件不满足的话，则导致不完全燃烧，这时将会产生大量的黑烟、一氧化碳和其他一些氧化物，从而对环境造成严重的污染。由于这几个因素既相互关联又相互制约，因此控制好上述四个因素对燃料的燃烧过程以及环境保护是相当重要的。

理论空气量：将完全燃烧 1kg 或 1m^3 燃料理论所需的空气量称为理论空气量，用符号 A_0 表示。

空气过剩系数：在实际的燃料燃烧过程中，为了使燃料能够完全燃烧，必须提供过量的空气。超出理论空气量的空气称为过剩空气。实际供给的空气量（A）与理论空气量（A_0）的比值称为空气过剩系数。计算公式：$A=A/A_0$。

空燃比（A_F）是指单位质量燃料燃烧所需要空气的质量，可由燃烧方程直接求得。

理论空气量的计算基于以下假定：

煤中的碳和氢完全燃烧分别生成 CO_2 和 H_2O；可燃性硫主要被氧化为 SO_2；燃烧过程中生成的 NO_x 可以忽略不计；空气中氮气与氧气之比为 0.79/0.21。

理论烟气量（体积）：理论烟气量是指在供给理论空气量（$\alpha=1$）的条件下，燃料完全燃烧时所产生的烟气量。理论烟气体积等于干烟气的体积与水蒸气体积之和。

实际烟气体积：实际燃烧过程中空气是有剩余的，所以燃烧过程中的实际烟气体积应为理论烟气体积与过剩空气体积之和。

引导问题 3：硫氧化物低排放源头和过程控制措施

1. 什么是洁净燃烧技术？

2. 煤炭的脱硫控制措施有哪些？

3. 如何实现燃前脱硫？

4. 如何实现燃中固硫？

5. 烟气控硫措施有哪些?

____

____

____

小提示

洁净燃烧技术主要是通过燃料脱硫控制 SO_2 的排放和通过改变燃烧方式降低 NO_x 生成量。

煤脱硫技术可以分为燃烧前脱硫（洗选煤及煤的转化）、燃烧中脱硫（型煤固硫及循环流化床燃烧脱硫）和燃烧后脱硫（烟气脱硫）。

煤炭洗选技术：洗煤又称选煤，是通过物理、化学或生物方法将煤中的含硫矿物和煤矸石等杂质除去的工艺过程。它是燃前除去煤中的矿物质，降低煤中硫含量的主要手段。常规的物理选煤方法可除去原煤中 50%~80%的灰分和 30%~40%的硫分，成本较低，可有效减少污染物排放。

洗选煤方法可以分为物理方法、化学方法和微生物脱硫法。物理方法主要有重力洗选法、高梯度磁选法和静电分选法等。化学方法包括氧化脱硫法、选择性絮凝法及化学破碎法。

煤炭的转化主要是气化、液化及整体煤气化联合循环技术，对煤进行脱硫或加氢改变其原有的碳氢比，使煤转变为清洁的二次燃料。

煤炭气化原理：在氧气不足时，C 与 O_2 反应可以生成 CO。煤气主要是 H_2、CO、CH_4 等，硫以 H_2S 形式存在。

煤炭液化原理：在一定条件下使煤转化为有机液体燃料。直接液化：对煤进行高温高压加氢直接得到液体产品。间接液化：煤气化转化成合成气（$CO+H_2$），再催化合成液体燃料。煤液化时耗水量很大，排水含高浓度 COD，要求有大规模水处理设施。

整体煤气化联合循环技术：煤气化联合循环又称 IGCC。工艺流程：煤进入有压力的气化炉中，与氧气和水蒸气反应产生粗煤气，除去粉尘和气态污染物后，送入燃气轮机发电。排出的高温烟气经余热锅炉产生蒸汽，供汽轮机发电。

型煤是指使用外力将粉煤挤压制成具有一定强度且块度均匀的固体型块。在制作型煤时要在粉煤中添加石灰石等廉价的钙系固硫剂，燃烧过程中，煤中的硫与固硫剂中的钙发生化学反应，从而将煤中的硫固化。型煤固硫技术是控制二氧化硫污染经济而有效的途径。

烟气控硫措施：根据脱硫产物是否回收利用，可将烟气脱硫方法分为抛弃法和回收法。前者脱硫产物作为固体废物抛弃，后者则回收硫资源。根据脱硫过程是否加入液体和脱硫产物的干湿形态，可将烟气脱硫方法分为湿法、半干法和干法。本部分内容将在模块 3 中学习。

引导问题 4：氮氧化物超低排放源头和过程控制措施

1. 实现氮氧化物超低排放源头和过程控制措施有哪些？

____

____

____

2. 低氮生成燃烧控制包括哪些技术？

____

____

____

3. 据图写出低氮生成燃烧控制技术名称。

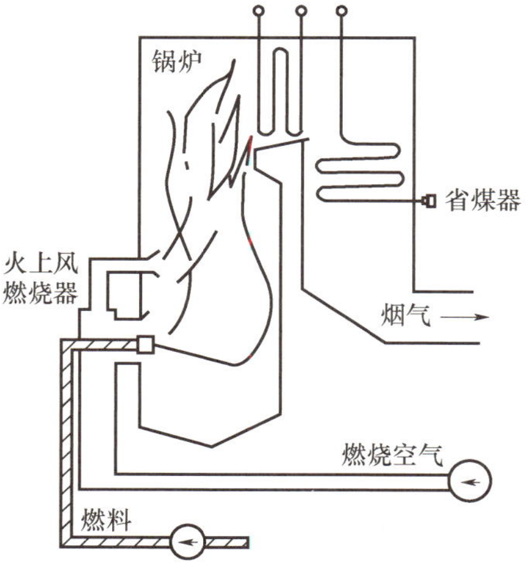

(　　　　　　)

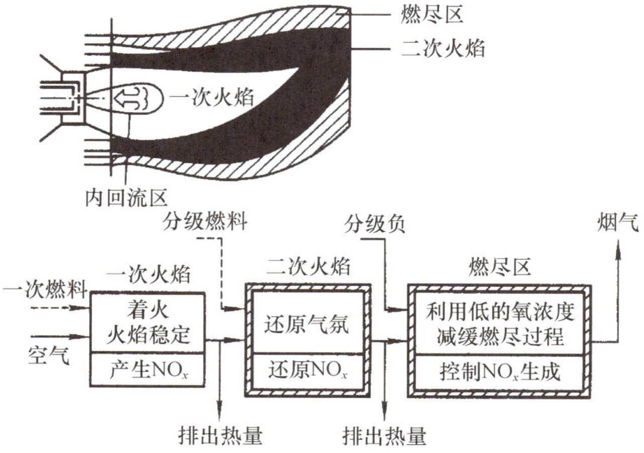

(　　　　　　)

4. 低氮氧化物燃烧器包括哪些？各自特点是什么？

5. 据图写出低氮燃烧器名称。

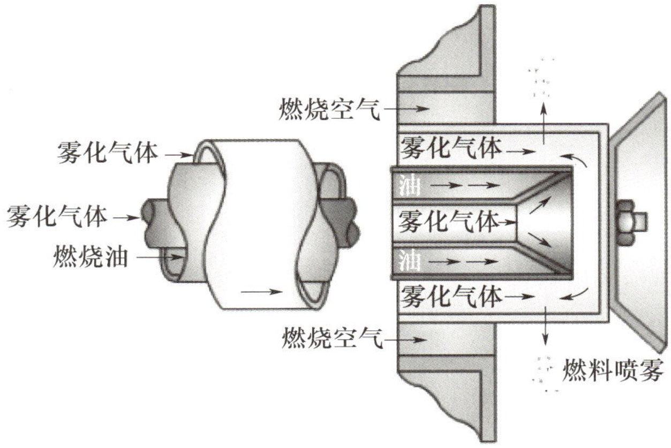

(　　　　　　)

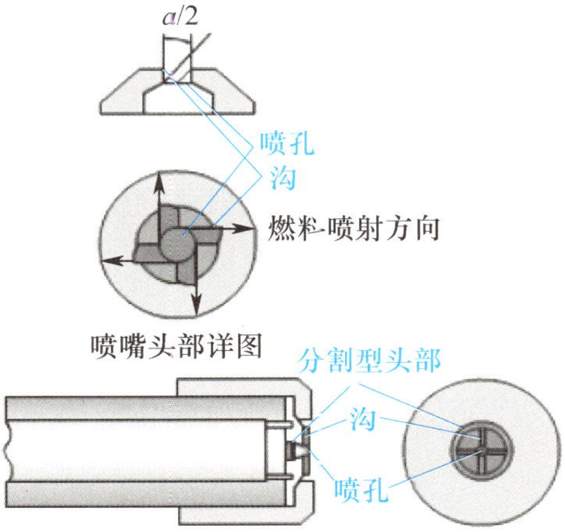

(　　　　　　)

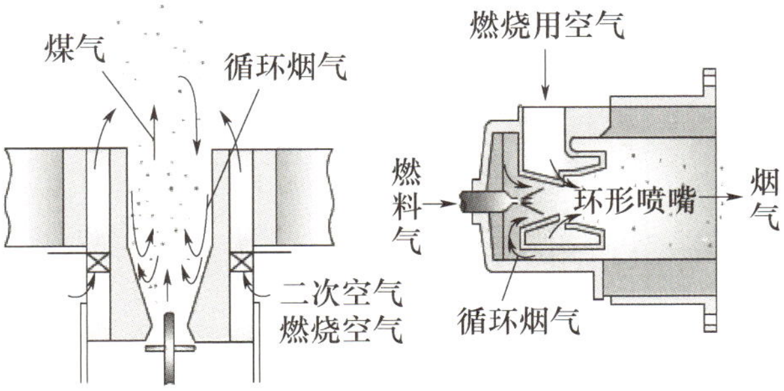

(　　　　　　)

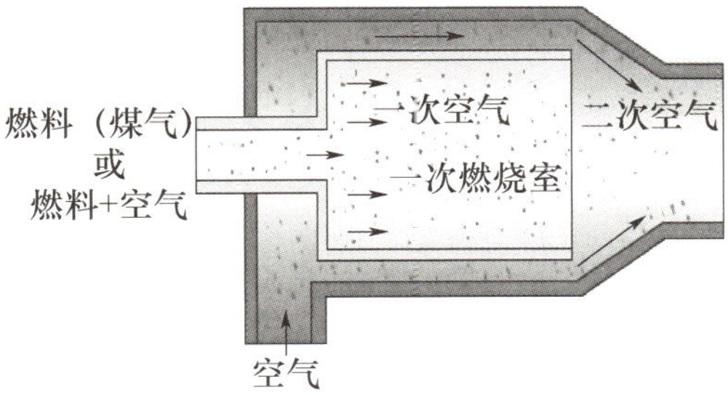

(　　　　　　)

小提示

氮氧化物排放源头和过程控制措施：使用低氮含量燃料、低氮生成燃烧技术控制和低氮燃烧器控制。

低氮生成燃烧控制技术包括空气分级燃烧、燃料分级燃烧、低氧燃烧、浓淡偏差燃烧、烟气再循环等技术。

低氮氧化物燃烧器包括强力混合型低 NO_x 燃烧器、分割火焰型低 NO_x 燃烧器、部分烟气循环低 NO_x 燃烧器、空气分级燃烧低 NO_x 燃烧器、二段燃烧低 NO_x 燃烧器。

强力混合型低 NO_x 燃烧器就是通过改善燃料与空气的混合，使火焰面的厚度减薄，在燃烧负荷不变的情况下，停留时间变短，从而降低热力型氮氧化物的生成量。

分割火焰型低 NO_x 燃烧器就是将火焰分成数个小火焰，小火焰散热面积大，火焰温度低，使热力性氮氧化物生成量下降，此外，小火焰缩短了氧、氮等气体在火焰中的停留时间，从而降低了热力型或燃料型氮氧化物的生成量。

部分烟气循环低 NO_x 燃烧器利用烟气再循环，燃烧烟气的热容量大，燃烧温度低，氮氧化物的生成量减少。

空气分级燃烧低 NO_x 燃烧器：空气分两次通入，一次火焰区：富燃料燃烧；二次火焰区：燃尽 CO、HC 等。

引导问题 5：硫氧化物、氮氧化物低排放联合过程控制（图 2-2）

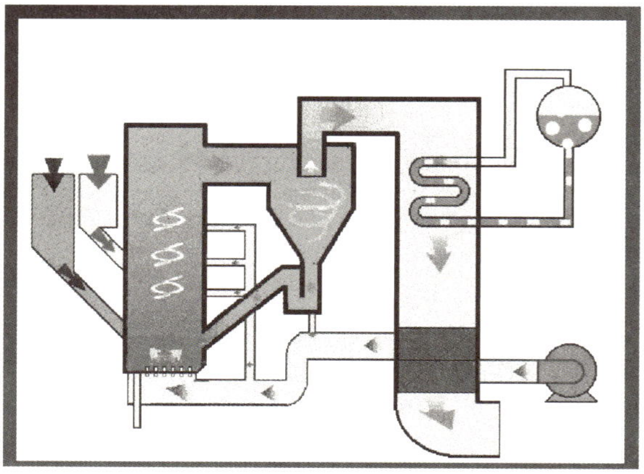

图 2-2　固硫低氮排放过程

1. 简述循环流化床燃烧固硫低氮排放设备构成。

____

____

____

2. 简述循环流化床燃烧固硫原理。

3. 简述循环流化床燃烧低氮控制原理。

小提示

构成：包括燃烧室（包括密相区和稀相区）和循环回炉（包括高温气固分离器和返料系统）两大部分。

床层底部形成大颗粒密相床，上部由细物料组成气流床。

高效初级旋风分离器将气流中的物料分离，并回流至燃烧室，实现物料循环，提高固硫剂的利用率。

循环流化床燃烧固硫原理：燃料中的煤在炉膛内反应生成 SO_2 及其他的一些硫化物；同时一定粒度分布的石灰石给入炉膛，被迅速加热，产生多孔疏松的 CaO。SO_2 扩散到 CaO 的表面和内孔，在氧气的参与下，CaO 吸收 SO_2 生成 $CaSO_4$，最佳固硫温度一般为 850~870℃。

循环流化床燃烧低氮控制原理：低温燃烧，燃烧温度一般控制在 850~900℃，此时空气中的氮生成的 NO_x 较少。分段燃烧，抑制燃料中的氮转化为 NO_x，并使部分已经生成的 NO_x 得到还原。

思政教育——培养制度自信

引导问题 6：至少写出两条《中华人民共和国大气污染防治法》有关燃煤污染防治的政策，你应该怎么做？

思政融入：

《中华人民共和国大气污染防治法》第三十二条至第四十二条就燃煤和其他能源污染防治分别作了规定：

第三十二条　国务院有关部门和地方各级人民政府应当采取措施，调整能源结构，推广清洁能源的生产和使用；优化煤炭使用方式，推广煤炭清洁高效利用，逐步降低煤炭在一次能源消费中的比重，减少煤炭生产、使用、转化过程中的大气污染物排放。

第三十三条　国家推行煤炭洗选加工，降低煤炭的硫分和灰分，限制高硫分、高灰分煤炭的开采。新建煤矿应当同步建设配套的煤炭洗选设施，使煤炭的硫分、灰分含量达到规定标准；已建成的煤矿除所采煤炭属于低硫分、低灰分或者根据已达标排放的燃煤电厂要求不需要洗选的以外，应当限期建成配套的煤炭洗选设施。

禁止开采含放射性和砷等有毒有害物质超过规定标准的煤炭。

第三十四条　国家采取有利于煤炭清洁高效利用的经济、技术政策和措施，鼓励和支持洁净煤技术的开发和推广。

国家鼓励煤矿企业等采用合理、可行的技术措施，对煤层气进行开采利用，对煤矸石进行综合利用。从事煤层气开采利用的，煤层气排放应当符合有关标准规范。

第三十五条　国家禁止进口、销售和燃用不符合质量标准的煤炭，鼓励燃用优质煤炭。

单位存放煤炭、煤矸石、煤渣、煤灰等物料，应当采取防燃措施，防止大气污染。

第三十六条　地方各级人民政府应当采取措施，加强民用散煤的管理，禁止销售不符合民用散煤质量标准的煤炭，鼓励居民燃用优质煤炭和洁净型煤，推广节能环保型炉灶。

综合素质培养——提升专业综合素质

引导问题7：空气量、烟气量计算

某重油的成分是：C 88.3%、H 9.5%、S 1.6%、H_2O 0.5%、灰分 0.10%，求燃烧 1kg 此重油时，（1）所需的理论空气量、产生的理论烟气量；（2）空燃比；（3）当

空气过剩系数 $\alpha=1.2$ 时，所需的实际空气量、产生的实际烟气量；（4）当空气过剩系数 $\alpha=1.2$ 时，干烟气中 CO_2 的含量。

专业能力评价——量化考核，综合评价

学生进行自评，评价自己是否能够完成引导问题的学习，是否能全面正确分析企业生产中遇到的案例问题；老师根据学生的纪律性、协作性、实训报告完成情况、知识掌握情况进行评价。

（1）学生根据自己对问题的回答情况及素质问题进行自我评价，将评价结果填于表 2-6。

表 2-6　学生自评表

班级：	姓名：	学号：	
学习任务 2	洁净燃烧措施与控制		
评价项目	评价标准	分值	得分
我国的能源结构	表述准确	5	
燃料的燃烧	表述准确	5	
二氧化硫低排放源头和过程控制措施	表述准确	5	
氮氧化物低排放源头和过程控制措施	表述准确	10	
硫氧化物、氮氧化物低排放联合过程控制	表述准确	10	
空气量、烟气量计算	数据准确	10	
综合素质	分析全面，表述准确	10	
学习态度	态度端正，无无故迟到、早退现象	10	
协作能力	与小组同学能合作交流，协作完成任务	5	
职业素质	综合能力强，能够从环保角度看待问题	5	
创新意识	有自己独到的见解	10	
制度自信	有法制意识、有责任感	15	
合计		100	

（2）以小组为单位，对上述学习内容、结果、态度及队内表现进行互评，将评价结果填于表 2-7。

表 2-7　学生互评表

被评价人：																
评价人：																
评价项目	分值	等级								评价对象						
										1	2	3	4	5	6	
团队合作	10	优	10	良	8	中	7	差	5							
综合能力	20	优	20	良	17	中	15	差	10							
组织有序	10	优	10	良	8	中	7	差	5							
团队贡献	20	优	20	良	17	中	15	差	10							
学习态度	10	优	10	良	8	中	7	差	5							
学习能力	10	优	10	良	8	中	7	差	5							
创新意识	10	优	10	良	8	中	7	差	5							
制度自信	10	优	10	良	8	中	7	差	5							
合计	100															

（3）教师对学生工作过程、知识综合利用能力进行评价，并将评价结果填于表 2-8。

表 2-8　教师综合评价表

班级：		姓名：	学号：	
评价教师：				
评价项目		评价标准	分值	得分
考勤（10%）		无无故迟到、早退现象	10	
职业素质（50%）	我国的能源结构	正确说出判断标准名称及功能分区	5	
	燃料的燃烧	表述准确	5	
	二氧化硫低排放源头和过程控制措施	表述准确，熟练掌握	5	
	氮氧化物低排放源头和过程控制措施	表述准确，熟练掌握	10	
	硫氧化物、氮氧化物低排放联合过程控制	表述准确，熟练掌握	10	
	专业知识灵活运用	表述准确，熟练掌握	5	
	空气量、烟气量计算	总结全面、正确	10	

续表

<table>
<tr><th colspan="2">评价项目</th><th colspan="3">评价标准</th><th>分值</th><th>得分</th></tr>
<tr><td rowspan="5">思政素质（40%）</td><td>学习态度</td><td colspan="3">态度端正，认真主动</td><td>10</td><td></td></tr>
<tr><td>制度自信</td><td colspan="3">熟悉相关法律法规、法制意识强</td><td>10</td><td></td></tr>
<tr><td>协作能力</td><td colspan="3">与小组同学能合作交流，协作完成任务</td><td>5</td><td></td></tr>
<tr><td>职业素质</td><td colspan="3">专业知识扎实，环保意识强，责任感强</td><td>5</td><td></td></tr>
<tr><td>创新意识</td><td colspan="3">能够提出新颖的想法，有自己独到的见解</td><td>10</td><td></td></tr>
<tr><td colspan="5">合计</td><td>100</td><td></td></tr>
<tr><td rowspan="2">综合得分</td><td colspan="2">自评（40%）</td><td>小组互评（30%）</td><td colspan="2">教师评价（30%）</td><td>综合得分</td></tr>
<tr><td colspan="2"></td><td></td><td colspan="2"></td><td></td></tr>
</table>

知识拓展——提升专业综合素质

引导问题8：大气污染治理效果的优劣需要对标相应的标准，查阅资料说明我国的标准体系结构。

____

____

小提示

我国环境质量标准体系，如图2-3所示。

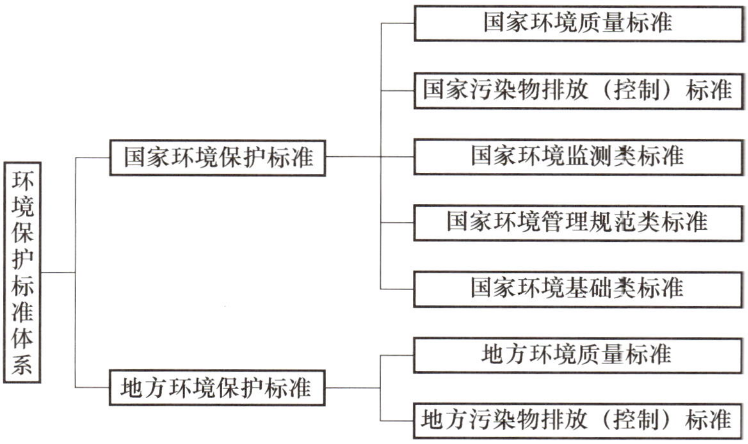

图2-3　我国环境质量标准体系

任务学习成果检验
循环流化床燃烧炉技改项目

项目导读

本模块主要学习了源头控制、过程控制污染物的工艺和减少产生量的方法。通过学习掌握了颗粒污染物、硫氧化物和氮氧化物的形成机理及相关计算，学会了利用燃料洗选、控制燃烧条件等措施实现洁净燃烧的目的。

学习目标

知识目标	1. 熟悉大气污染有关基本概念、常用标准技术规范； 2. 熟悉颗粒污染物、硫氧化物和氮氧化物的形成机理； 3. 会进行空气量、废气量基本计算
能力/技能目标	1. 会从源头控制煤炭燃烧二氧化硫的控制； 2. 会从燃烧过程中控制二氧化硫的产生量； 3. 会从源头控制氮氧化物的产生量； 4. 会从过程控制氮氧化物的产生量； 5. 会进行空气量、废气量基本计算； 6. 会进行达标排放判断
素养目标	在工作中需要高度的细心和耐心，培养对生产的预判能力，并具有安全意识和环保意识

学习成果

为了有效提升你对洁净燃烧综合控制能力，有目标、有重点地学习、研究和应用实践，实现本项目的学习目标，特设计了一个学习成果 LO1，期望你能按时、高质量地完成。

学习成果名称：针对循环流化床燃烧炉的不足进行技改，实现低硫低氮排放。

一、完成学习成果的基本要求

1. 了解现有设备存在的不足；
2. 了解目前的控制工艺；
3. 提出技改意见和建议；
4. 对技改意见进行论证；
5. 论证技改项目的技术可行性和经济合理性；
6. 论证设备稳定运行的可靠性；
7. 完成本学习成果实施报告，不少于1000字；
8. 控制完成本学习成果的时间（小时数及完成日期）。

二、学习成果评价要求

评价按照：

优秀（85分以上）

合格（70~84分）

不合格（低于70分）

评价要求（共100分）	优秀（分）	合格（分）	不合格（分）	评分
内容完成30	完整齐全正确28~30	基本齐全24~28	问题明显<24	
逻辑关系20	明确正确18~20	个别问题15~18	问题较多<15	
可实施性30	可实施操作28~30	基本可实施24~28	难以实施<15	
按时完成20	按时完成18~20	延迟2日或 8小时以内15~18	延迟2日或 8小时以上<15	
合计				

模块 3

废气的排放

任务 影响污染物扩散的因素

学习情景描述

通过观看本课程配套网络平台课相关课程资源，建立不同天气状况下，不同地形地貌对污染物扩散的影响，获取感性认识，找到学习难点和重点，对接下来的深入学习做到有针对性。

学习目标

知识目标	技能目标	思政目标
1. 了解气象、地形地貌与污染物扩散有关的基本概念； 2. 掌握风、大气稳定度与污染物扩散的相互作用； 3. 熟悉海陆风、山谷风、城市热岛环流对污染物扩散的影响	1. 具有较高的总结能力、书写能力和语言表达能力； 2. 能够运用专业知识进行案例分析	1. 培养学生团队协作精神； 2. 培养学生职业精神和创新能力； 3. 培养学生责任感和爱国心

任务书

运用所学知识，分析气象条件、地形地貌对污染物扩散的影响，进而独立分析判断不同条件下的污染源对环境空气质量的影响。

任务分组

表 3-1 学生任务分配表

班级		组号		指导老师	
组长		学号			

组员

姓名	学号	姓名	学号

任务分工

基础知识巩固——专业内容引入

引导问题 1：雾霾天气形成的气象条件

根据你的认知，说明雾霾天气形成的气象条件是什么？

小提示

静稳天气容易造成严重的雾霾天气。原因：静稳天气严重阻碍了空气的水平输送和垂直扩散，局地气象条件表现为高湿、逆温层厚、逆温强度大，风速低或静风，空气中的污染物不易向外扩散，造成集聚效应，会使污染越来越重。同样，城市污染物在低气压、风小的条件下，与低层空气中的水汽相结合，促进了二氧化硫、氮氧化物等向硫酸盐和硝酸盐的二次颗粒物的转变，进一步加重雾霾的污染程度。

思政教育——培养责任感和爱国心

引导问题2：雾霾多发生在怎样的气象条件下？根据我国《（生态）环境状况公报》，分析近年来我国环境质量持续改善的原因，对此谈谈你的感想。

根据2013年《中国环境状况公报》：国务院印发《大气污染防治行动计划》（简称《大气十条》），提出了10条35项综合治理措施。中央财政设立大气污染防治专项资金，2013年安排50亿元支持京津冀及周边地区大气治理项目。

根据2014年《中国环境状况公报》：全面实施《大气污染防治行动计划》，中央财政先后安排专项资金100亿元，支持各地开展大气污染防治。

根据2015年《中国环境状况公报》：深入实施《大气污染防治行动计划》。2015年全国城市空气质量总体趋好，首批实施新环境空气质量标准的74个城市细颗粒物（$PM_{2.5}$）平均浓度比2014年下降14.1%。中央财政安排大气污染防治专项资金106亿元，支持京津冀及周边地区、长三角、珠三角等重点区域开展大气污染治理。启动石化行业挥发性有机物（VOCs）综合整治，加强对建筑工地扬尘、渣土运输等环节监管，实施秸秆综合利用等项目。加强重污染天气联合会商和预警发布。

根据2018年《中国生态环境状况公报》：国务院印发实施《打赢蓝天保卫战三年行动计划》。京津冀及周边地区重点行业企业自2018年10月1日起全面执行大气污染物特别排放限值。全国实现超低排放的煤电机组约8.1亿kW，占全国煤电总装机容量的80%。北方地区冬季清洁取暖试点城市由12个增加到35个，完成散煤治理480万户以上。2018年，全国338个地级及以上城市中，121个城市环境空气质量达标，占全部城市数的35.8%，比2017年上升6.5%；217个城市环境空气质量超标，占64.2%。

根据2019年《中国生态环境状况公报》：完成散煤治理700余万户。实现超低排放的煤电机组累计约8.9亿kW，占总装机容量的86%；5.5亿t粗钢产能开展超低排放改造。2019 年，全国 337 个地级及以上城市中，157 个城市环境空气质量达标，占全部城市数的 46.6%；180 个城市环境空气质量超标，占 53.4%。

根据 2020 年《中国生态环境状况公报》：2020 年，全国 337 个地级及以上城市中，202 个城市环境空气质量达标，占全部城市数的 59.9%，比 2019 年上升 13.3 个百分点；135 个城市环境空气质量超标，占 40.1%，比 2019 年下降 13.3 个百分点。

2021 年，全国 339 个地级及以上城市中，218 个城市环境空气质量达标，占全部城市数的 64.3%，比 2020 年上升 3.5 个百分点；121 个城市环境空气质量超标，占 35.7%，比 2020 年下降 3.5 个百分点。

小提示

雾霾发生的气象条件：风速小、大气静稳、近地面逆温、湿度较高。

近年来我国环境质量持续改善的原因：

一是顶层设计，严格管理。先后颁布实施《大气污染防治行动计划》《打赢蓝天保卫战三年行动计划》，各地区各部门态度坚决、行动有力，解决了许多长期想解决、没解决的问题，办成了许多过去想办、没办成的大事。

二是财政支持。

三是加快推进产业结构调整。淘汰落后产能；全面排查整治“散乱污”企业，相关企业执行超低排放。

四是加速能源结构优化。严格控制煤炭消费总量，降低煤炭占一次能源消费比重；淘汰燃煤小锅炉；进行散煤治理。

五是加强“车、油、路”统筹。淘汰黄标车和老旧车；提高全国城市新能源公交车保有量。全面实施机动车国Ⅵ标准、供应国Ⅵ油品。2019 年全国铁路货运量同比增长 7.2%；京津冀地区铁路货运量同比增长 26.2%。

六是加强区域联防联控。

七是实施大气重污染成因与治理攻关专项。

此外，我国也高度重视保护臭氧层和淘汰消耗臭氧层物质（ODS）领域履约义务。近三十年，经过不懈努力，全面停止了全氯氟烃、哈龙、四氯化碳、甲基氯仿和甲基溴的生产和使用，超额完成第一阶段全氯氟烃淘汰任务，如期实现了议定书规定的各阶段履约目标，体现了大国担当。

专业能力培养——获取专业知识

引导问题 3：气象因素对污染物扩散的影响

1. 风如何对污染物扩散产生影响？

2. 什么是气温垂直递减率？什么是干绝热直减率？什么是大气稳定度？

3. 根据气温垂直递减率和干绝热直减率如何判断大气稳定度？什么是逆温？处于逆温状态下的天气是什么稳定状态？

4. 根据图 3-1 所示烟流形状与大气稳定度关系图，简述大气稳定度与烟流形状的关系。

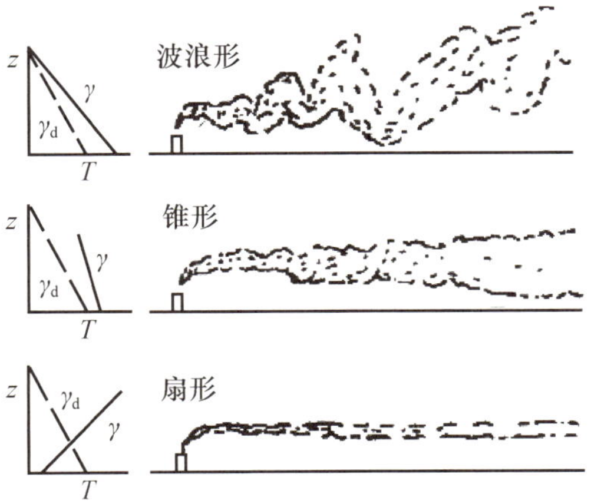

图 3-1　烟流形状与大气稳定度关系图

小提示

风速的大小对污染物的扩散有很大影响。由于风的作用使空气裹挟入烟气，对烟气起稀释作用。大气稀释是大气将污染源排放的污染物输送到下风向，同时又使这些物质扩散开的现象。风对污染物起平流输送作用，也即利用水平运动的气流将污染物输送至下风向，同时由于大量气流的不断掺混，使大气污染物浓度降低。

风速越大，裹挟能力越强，湍流越大，污染物的稀释扩散速率就越快，大气污染物的浓度就越低。因此，风和湍流是决定污染物在大气中稀释扩散的最直接因子，也是最有效的因子。

在大气边界层内部，气温同样随高度而变化，我们把高度每100m的气温变化称为气温的垂直递减率，简称气温直减率，用γ来表示。

干空气块在绝热过程中，每上升（或下降）100m时温度降低（或升高）的数值称为干空气温度的绝热垂直递减率，简称干绝热直减率，并用γ_d表示。

大气稳定度表示空气块在竖直方向的稳定程度，即空气块是否安定于原在的层次，是否易于发生对流。气象学家把近地层大气划分为稳定、中性和不稳定三种状态。

$\gamma>\gamma_d$时，大气处于不稳定状态；$\gamma<\gamma_d$时，大气处于稳定状态；$\gamma=\gamma_d$时，大气呈中性状态。

逆温是指在大气边界层中，由于气象或地形条件的影响，有时会出现气温随高度的增加而升高的现象，即$\gamma<0$。具有逆温层的大气层是强稳定的大气层，大气某一高度的逆温层会像盖子一样阻碍气流的垂直运动，所以又称阻挡层。

烟流形状与大气稳定度的关系如下：

（1）波浪形：烟流呈波浪状，污染物打散良好，发生在全层不稳定大气中，即$\gamma>\gamma_d$。多发生在晴朗的白天，地面最大落地点距烟囱较近，浓度较高。不过，持续时间较短。

（2）扇形：烟流垂直方向扩散很小，像一条带子飘向远方；水平方向上烟流则呈扇形展开。它发生在烟囱出口处于逆温层中的情况，即该层大气$\gamma-\gamma_d>-1$，污染情况随烟囱高度不同而异。当烟囱很高时，近处地面上不会造成污染，远处会造成污染；烟囱很低时，靠近烟囱处，会出现严重的污染。

（3）锥形：烟流呈圆锥形，发生在中性条件下，即$\gamma=\gamma_d$，垂直扩散程度比扇形强，比波浪形弱。

（4）爬升形（屋脊形）：烟流的下部是稳定的大气，$\gamma>0$；上部是不稳定的大气。一般在日落后出现，由于地面辐射冷却，低层形成逆温且烟囱出口能够突破该逆温，而高空仍保持递减层结，这种烟流形状通常持续时间较短，对近处地面污染较小。

（5）漫烟形（熏烟形）：对于辐射逆温，日出后逆温从地面向上逐渐消失，即不稳定大气从地面向上逐渐扩展，当扩展到烟流的下边缘或更高一点时，烟流便发生了向下的强烈扩散，而上边缘仍处于逆温层中，漫烟形便发生了。这时烟流下部$\gamma-\gamma_d>0$，上部$\gamma-\gamma_d<1$，这种烟流多发生在上午8：00~10：00，持续时间很短。

对上述五种典型的烟流，只从温度层结和大气稳定度的角度进行粗略分析。实际的烟流要复杂得多，影响因素也很多。例如，还应考虑动力因素的影响，在近地层主要考虑风和地面粗糙度的影响。

引导问题4：地形地貌对污染物扩散的影响

1. 下图为海陆风环流图，据图说明什么是海风？什么是陆风？简述海陆风对污染物扩散的影响。

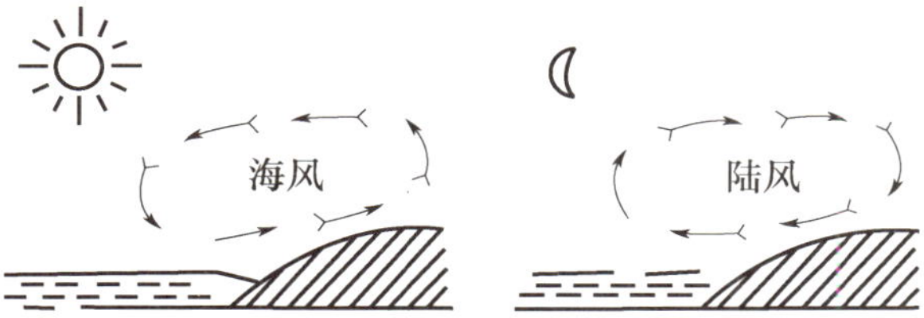

2. 什么是山风？什么是谷风？判断下图哪个是山风图，哪个是谷风图。简述山谷风对污染物扩散的影响。

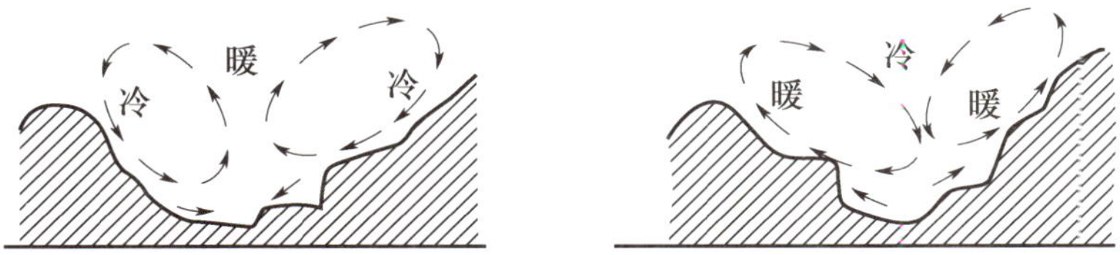

（　　　　）　　　　（　　　　）

3. 下图为城市热岛效应图，据图回答下列问题：

什么是城市热岛环流？简述热岛效应对城市大气质量的影响。

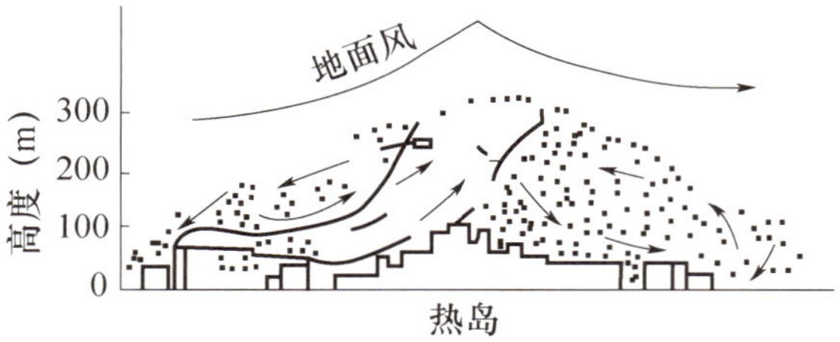

小提示

海风是由海面吹向陆地的风；陆风是由陆地吹向海洋的风。洁净燃烧技术主要是通过燃料脱硫控制 SO_2 的排放和通过改变燃烧方式降低 NO_x 生成量。

在白天，海风吹向陆地可达几公里，然后才上升折回海面，从而形成一个大的环状气流。若在这类地区的海边排放大气污染物，并且不能突破环流，则污染物不断循环并积聚，从而使污染物浓度逐渐增大。

山风出现常常伴有逆温层产生，大气呈现稳定状态，污染物难以稀释扩散。若污染物从高空烟囱排出，可能被逆温层托住从山口排出，而不易污染地面。

但是，若烟囱建在山坡上，尽管烟囱口距山谷地面很高，但也可能被山坡上冷的下滑空气带至谷底，污染山谷区域，而达不到从高空把污染物排走的目的。

由于城市温度通常比乡村高（特别是夜间），气压比乡村低，所以可形成一种从周围农村吹向城市的特殊的局地风，称为城市热岛环流或城市风。

城市热岛环流诱导城市中心盛行上气流，上升的气流中含有大量的微粒，而且难以扩散出去，因此城市上空容易形成以这些微粒为团粒结构的云团，造成城市地区近地层空气污染严重。在高温季节，城市排放的大气污染物，如氮氧化物、碳氢化合物在强光照条件下发生反应形成二次污染物，使其危害性增大。

综合素质培养——提升专业综合素质（学以致用）

引导问题5：气象条件对污染物扩散影响综合分析判断并说明理由。

1. 在日出后的早晨，烟流的扩散形状是（　　）。

A. 翻卷形　　B. 锥形　　C. 扇形　　D. 爬升形

理由：________________

____

2. 容易造成极其严重地面污染的烟流的扩散形状是（　　）。

A. 漫烟形　　B. 锥形　　C. 扇形　　D. 爬升形

理由：________________

____

3. 下列关于气象条件对烟气扩散影响的描述，正确的是（　　）。

A. 风速越大，地面污染物浓度就越小

B. 风速越大，地面污染物浓度也就越大

C. 无风时容易发生严重的地面污染

D. 空气受污染的程度与风没有任何关系

理由：________________

____

4. 影响污染物扩散的因素还有哪些？

____

____

____

引导问题6：案例分析——气象条件对污染物扩散影响综合分析

某拟建企业厂址位于工业园区的西南部，紧邻园区边界。经现场踏勘确认，厂界东南侧500m有D村，南侧2600m有E村，西侧200m有F村，西偏南1500m有G村。监测期间主导风向为北风，近20年统计的当地主导风向为东偏北风，该项目环境空气现状补充监测布点方向应选择为什么方向？除厂址外还应该在什么位置设置监测点？

小提示

根据风对污染物起输送作用，也即利用水平运动的气流将污染物输送至下风向，下风向的污染更为严重，因此应将监测点布置在主导风向的下风向，再根据相关知识，应选择近 20 年统计的风向作为主导风向，因此应选择西偏南方向。根据题意西偏南 1500m 有 G 村，因此除厂址外还应该在 G 村设置监测点。

专业能力评价——量化考核，综合评价

学生进行自评，评价自己是否能够完成引导问题的学习，是否能全面正确分析企业生产中遇到的案例问题；老师根据学生的纪律性、协作性、实训报告完成情况、知识掌握情况进行评价。

（1）学生根据自己对问题的回答情况及素质问题进行自我评价，将评价结果填于表 3-2。

表 3-2 学生自评表

班级：	姓名：	学号：	
学习任务	影响污染物扩散的因素		
评价项目	评价标准	分值	得分
雾霾天气形成的气象条件	表述准确	10	
气象因素对污染物扩散的影响	表述准确	15	
地形地貌对污染物扩散的影响	表述准确	15	
综合素质	专业知识掌握扎实，案例分析合理，专业素质高	15	
学习态度	态度端正，无无故迟到、早退现象	15	
协作能力	与小组同学能合作交流，协作完成任务	10	
职业素质	综合能力强，能够从环保角度看待问题	10	
创新意识	有自己独到的见解	10	
合计		100	

（2）以小组为单位，对上述学习内容、结果、态度及队内表现进行互评，将评价结果填于表 3-3。

表 3-3 学生互评表

<table>
<tr><td colspan="16">被评价人：</td></tr>
<tr><td colspan="16">评价人：</td></tr>
<tr><td rowspan="2">评价项目</td><td rowspan="2">分值</td><td rowspan="2" colspan="8">等级</td><td colspan="6">评价对象</td></tr>
<tr><td>1</td><td>2</td><td>3</td><td>4</td><td>5</td><td>6</td></tr>
<tr><td>团队合作</td><td>10</td><td>优</td><td>10</td><td>良</td><td>8</td><td>中</td><td>7</td><td>差</td><td>5</td><td></td><td></td><td></td><td></td><td></td><td></td></tr>
<tr><td>综合能力</td><td>20</td><td>优</td><td>20</td><td>良</td><td>17</td><td>中</td><td>15</td><td>差</td><td>10</td><td></td><td></td><td></td><td></td><td></td><td></td></tr>
<tr><td>组织有序</td><td>10</td><td>优</td><td>10</td><td>良</td><td>8</td><td>中</td><td>7</td><td>差</td><td>5</td><td></td><td></td><td></td><td></td><td></td><td></td></tr>
<tr><td>团队贡献</td><td>20</td><td>优</td><td>20</td><td>良</td><td>17</td><td>中</td><td>15</td><td>差</td><td>10</td><td></td><td></td><td></td><td></td><td></td><td></td></tr>
<tr><td>学习态度</td><td>10</td><td>优</td><td>10</td><td>良</td><td>8</td><td>中</td><td>7</td><td>差</td><td>5</td><td></td><td></td><td></td><td></td><td></td><td></td></tr>
<tr><td>责任感和爱国心</td><td>10</td><td>优</td><td>10</td><td>良</td><td>8</td><td>中</td><td>7</td><td>差</td><td>5</td><td></td><td></td><td></td><td></td><td></td><td></td></tr>
<tr><td>创新意识</td><td>20</td><td>优</td><td>20</td><td>良</td><td>17</td><td>中</td><td>15</td><td>差</td><td>10</td><td></td><td></td><td></td><td></td><td></td><td></td></tr>
<tr><td>合计</td><td>100</td><td colspan="8"></td><td></td><td></td><td></td><td></td><td></td><td></td></tr>
</table>

（3）教师对学生工作过程、知识综合利用能力进行评价，并将评价结果填于表 3-4。

表 3-4 教师综合评价表

<table>
<tr><td colspan="3">班级：</td><td colspan="2">姓名：</td><td colspan="2">学号：</td></tr>
<tr><td colspan="7">评价教师：</td></tr>
<tr><td colspan="3">评价项目</td><td colspan="2">评价标准</td><td>分值</td><td>得分</td></tr>
<tr><td colspan="3">考勤（10%）</td><td colspan="2">无无故迟到、早退现象</td><td>10</td><td></td></tr>
<tr><td rowspan="4">职业素质（50%）</td><td colspan="2">雾霾天气形成的气象条件</td><td colspan="2">表述准确</td><td>10</td><td></td></tr>
<tr><td colspan="2">气象因素对污染物扩散的影响</td><td colspan="2">表述准确，熟练掌握</td><td>15</td><td></td></tr>
<tr><td colspan="2">地形地貌对污染物扩散的影响</td><td colspan="2">表述准确，熟练掌握</td><td>15</td><td></td></tr>
<tr><td colspan="2">综合素质</td><td colspan="2">专业知识掌握扎实，综合问题分析合理，专业素质高</td><td>10</td><td></td></tr>
<tr><td rowspan="5">思政素质（40%）</td><td colspan="2">学习态度</td><td colspan="2">态度端正，认真主动</td><td>10</td><td></td></tr>
<tr><td colspan="2">责任感和爱国心</td><td colspan="2">具有责任感和担当，具有爱国之心</td><td>10</td><td></td></tr>
<tr><td colspan="2">协作能力</td><td colspan="2">与小组同学能合作交流，协作完成任务</td><td>5</td><td></td></tr>
<tr><td colspan="2">职业素质</td><td colspan="2">专业知识扎实，环保意识强，责任感强</td><td>5</td><td></td></tr>
<tr><td colspan="2">创新意识</td><td colspan="2">能够提出新颖的想法，有自己独到的见解</td><td>10</td><td></td></tr>
<tr><td colspan="5">合计</td><td>100</td><td></td></tr>
<tr><td rowspan="2" colspan="2">综合得分</td><td colspan="2">自评（40%）</td><td>小组互评（30%）</td><td>教师评价（30%）</td><td>综合得分</td></tr>
<tr><td colspan="2"></td><td></td><td></td><td></td></tr>
</table>

知识拓展——提升专业综合素质

引导问题 7：当建设项目处于大型水体影响范围内时，如何估算项目排放的污染物浓度。

小提示

当建设项目处于大型水体（海或湖）岸边 3km 范围内时，应首先采用估算模型判定是否会发生熏烟现象。如果存在岸边熏烟，并且估算的最大 1h 平均质量浓度超过环境质量标准，应采用 CALPUFF 模型估算污染物着地浓度。

任务学习成果检验
最佳方案设计

项目导读

本模块主要学习了气象条件及地质地貌条件对废气稀释扩散的影响，拓展学习了烟囱高度设计实现废气达标排放的环保目的，并可进行厂址位置比选，确定合理的厂址位置。

学习目标

知识目标	1. 了解气象、地形地貌与废气扩散有关的基本概念； 2. 掌握风、大气稳定度与废气扩散的相互作用； 3. 熟悉海陆风、山谷风、城市热岛环流对废气扩散的影响
能力/技能目标	1. 会根据废气扩散原理，合理布置作业区； 2. 会进行合理的烟囱设计，实现废气的达标排放； 3. 会通过控制废气出口温度、出口速度，提升废气抬升高度，实现达标排放； 4. 会根据城市建设总体规划，合理确定厂址
素养目标	1. 具有良好查阅资料的能力、书写能力和语言表达能力； 2. 具有良好的职业道德，不弄虚作假； 3. 具有环保意识

学习成果

为了有效提升对废气达标排放控制的理解，有目标、有重点地学习、研究和应用实践，实现本项目的学习目标，特设计了本学习任务，期望你能按时、高质量的完成。

学习成果名称：废气排放最佳方案设计。

具体任务描述：拟新建日熔化量500t的燃气玻璃熔窑，产生的废气拟经除尘脱硫脱硝处理后，通过烟囱直接排放。如何通过选址、合理设计烟囱高度、控制废气出口参数实现对居住区环境的影响最低。

一、完成学习成果的基本要求

1. 调查当地常见风向；
2. 调查当地的城市建设规划；
3. 调查生产企业废气排放量、废气组成成分、执行的废气控制标准；
4. 进行烟囱的高度设计；
5. 合理计算并选择废气出口温度、出口速度、集束排放，实现最低影响；
6. 完成本学习成果实施报告，不少于1000字；
7. 完成本学习成果的时间（小时数及完成日期）。

二、学习成果评价要求

评价按照：

优秀（85分以上）

合格（70~84分）

不合格（低于70分）

评价要求（共100分）	优秀（分）	合格（分）	不合格（分）	评分
内容完成30	完整齐全正确28~30	基本齐全24~28	问题明显<24	
逻辑关系20	明确正确18~20	个别问题15~18	问题较多<15	
可实施性30	可实施操作28~30	基本可实施24~28	难以实施<15	
按时完成20	按时完成18~20	延迟2日或 8小时以内15~18	延迟2日或 8小时以上<15	
合计				

模块 4

颗粒污染物控制

任务1　废气颗粒污染物低效控制

情景1　重力沉降室控制

学习情景描述

通过观看本课程配套网络平台课相关课程资源，了解重力沉降室的工作原理，增强专业认知，提升专业认同感。

学习目标

知识目标	技能目标	思政目标
1. 了解重力沉降室的优缺点； 2. 熟悉重力沉降室的工作原理； 3. 熟悉影响重力沉降室效率的因素； 4. 熟悉重力沉降室的设计计算及应用	1. 能够正确分析生产中重力沉降室除尘效率不高的因素，并能提出解决措施； 2. 能够正确设计重力沉降室主体设备的位置	1. 培养学生团队协作精神； 2. 培养学生职业精神和职业道德； 3. 培养学生安全意识

任务书

掌握重力沉降室的工作原理及影响重力沉降室沉降效率的因素；能够运用所学知识进行案例分析；培养良好的环保意识。

任务分组

表 4-1　学生任务分配表

<table>
<tr><td>班级</td><td></td><td>组号</td><td></td><td>指导老师</td><td></td></tr>
<tr><td>组长</td><td></td><td>学号</td><td></td><td></td><td></td></tr>
<tr><td>组员</td><td colspan="5"><table>
<tr><td>姓名</td><td>学号</td><td>姓名</td><td>学号</td></tr>
<tr><td></td><td></td><td></td><td></td></tr>
<tr><td></td><td></td><td></td><td></td></tr>
<tr><td></td><td></td><td></td><td></td></tr>
<tr><td></td><td></td><td></td><td></td></tr>
<tr><td></td><td></td><td></td><td></td></tr>
<tr><td></td><td></td><td></td><td></td></tr>
</table></td></tr>
<tr><td colspan="6">任务分工</td></tr>
</table>

基础知识巩固——专业内容引入

引导问题 1：重力沉降室有哪些特点？

1. 重力沉降室的优点有哪些？

____

____

2. 重力沉降室的缺点有哪些？

____

____

小提示

重力沉降室的优点：结构简单、成本低廉、运行维修方便。

重力沉降室的缺点：净化效率不高，属于低效除尘器，在多级除尘系统中作为初级除尘。

专业能力培养——获取专业知识

引导问题 2：重力沉降室的工作原理

1. 重力沉降室分为哪几类？

2. 重力沉降室有哪些基本结构？

3. 气流通过重力沉降室的时间 t 如何计算？

4. 粒子的沉降速度 u_s 如何计算？

5. 重力沉降室能 100%捕集的最小粒径 d_{min} 如何计算？

6. 提高重力沉降室的捕集效率可以采取的措施有哪些？

小提示

重力沉降室分为单层重力沉降室和多层重力沉降室。

重力沉降室结构如图 4-1 所示。

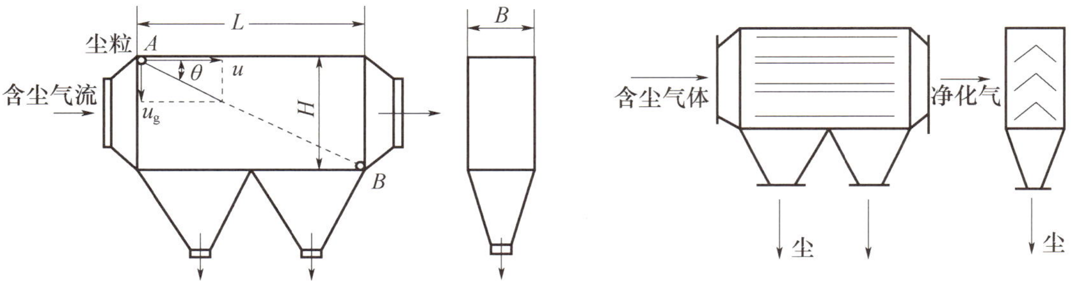

(a) 单层重力沉降室 (b) 多层重力沉降室

图 4-1 重力沉降室结构

当含尘气体进入重力沉降室后，由于突然扩大了过流面积，而使气体流速迅速下降，在流经沉降室的过程中，较大的尘粒在自身重力作用下缓慢向灰斗沉降，而气体则沿水平方向继续前进，从而达到除尘的目的。

在沉降室内，尘粒一方面以沉降速度 u_s 下降，另一方面则以气体流速 u 在沉降室内向前运动，于是气流通过沉降室的时间 t 为：

$$t=L/u$$

式中，L 为沉降室长度，m；u 为沉降室内的气流速度，m/s。

尘粒从沉降室顶部降落到底部所需要的时间为

$$t_s=H/u_s$$

式中，H 为沉降室高度，m；u_s 为尘粒的沉降速度，m/s。

要使尘粒不被气流带走，则必须使 $t \geq t_s$，即 $L \geq uH/u_s$。

粒子的沉降速度 u_s 的计算公式为

$$u_s = \frac{d^2 g(\rho_p - \rho_g)}{18\mu}$$

式中，d 为尘粒的直径，m；ρ_p 为尘粒的密度，kg/m^3；ρ_g 为气体的密度，kg/m^3；μ 为气体的黏度，Pa·s；g 为重力加速度，9.81m/s^2。

重力沉降室能 100%捕集的最小粒径 d_{min} 的计算公式为

$$d_{min} = \sqrt{\frac{18\mu uH}{(\rho_p - \rho_g) gL}}$$

理论上 $d \geq d_{min}$ 的尘粒可以全部捕集下来。但在实际情况下，由于气流的运动状况以及浓度分布等因素的影响，沉降效率会有所下降。

提高重力沉降室的捕集效率可以采取以下措施：

① 降低沉降室内气流速度 u；

② 降低沉降室的高度 H；

③ 增大沉降室长度 L。

引导问题 3：重力沉降室有关的设计计算

1. 重力沉降室长度如何设计？

2. 重力沉降室宽度如何设计？

3. 各种尘粒的分级除尘效率如何设计？

小提示

① 沉降室的长度：$L \geqslant \frac{uH}{u_s}$

② 沉降室的宽度：$W = \frac{Q}{uH}$

式中，W 为沉降室宽度，m；Q 为沉降室处理气量，m^3/s。

③ 对各种尘粒的分级除尘效率：$\eta = \frac{u_s L}{uH}$

重力沉降室结构简单，投资少，压力损失小（50～100Pa），维护管理方便，适用于净化尘粒密度大，颗粒粗的含尘气体，特别是磨损性很强的粉尘。它能有效地捕集 50μm 以上的尘粒，除尘效率一般为 40%～80%，所以常用于一级处理或预处理。

综合素质培养——提升专业综合素质

引导问题 4：设计计算

设计锅炉废气重力沉降室，已知废气量 $Q = 2800m^3/h$，废气温度 $t = 150℃$，废气真密度 $\rho_p = 2100kg/m^3$，要求能去除粒径为 50μm 以上的烟尘。

思政融入：国家相继出台了哪些法律法规技术规范和标准来保证锅炉废气重力沉降室的除尘效率？

____

____

小提示

答案：废气温度为 150℃时，黏度为 2.4×10^{-5}Pa · s（近似空气的值）。

粒径为 50μm 的沉降速度：

$$u_s = \frac{d^2 (\rho_p - \rho_g) g}{18\mu} \approx \frac{d^2 \rho_p g}{18\mu} = \frac{(50 \times 10^{-6})^2 \times 2100 \times 9.8}{18 \times 2.4 \times 10^{-5}} = 0.12 \ (m/s)$$

沉降室内气流速度 u 取 0.5m/s，高度 H 取 1.5m，则沉降室最小长度

$$L=\frac{uH}{u_s}=\frac{0.5\times1.5}{0.12}=6.3\ (\mathrm{m})$$

由于在假设条件下，沉降室过长，因此必须进行调整。若采用两层水平隔板（即三层沉降室），取每层高 H 为 0.4m，则总高 $H=0.4\times3=1.2$（m）。则沉降室长度

$$L=\frac{uH_1}{u_s}=\frac{0.5\times0.4}{0.12}=1.7\ (\mathrm{m})$$

若取 $L=1.7$m，采用两层水平隔板，$n=2$，则沉降室宽度为

$$W=\frac{Q}{(n+1)\ uH_1}=\frac{2800}{3600\times(2+1)\times0.4\times0.5}=1.3\ (\mathrm{m})$$

即沉降室的尺寸为 $L\times W\times H=1.7\mathrm{m}\times1.3\mathrm{m}\times1.2\mathrm{m}$。

此时可以捕集的最小粒径为

$$d_{min}=\sqrt{\frac{18\mu uH_1}{(\rho_p-\rho_g)\ gL}}\approx\sqrt{\frac{18\mu uH_1}{\rho_p gL}}=\sqrt{\frac{18\times2.4\times10^{-5}\times0.5\times0.4}{2100\times9.8\times1.7}}$$

$$=49.7\times10^{-6}\ (\mathrm{m})=49.7\ (\mu\mathrm{m})$$

因此，设计符合要求。

思政融入：国家先后出台了《环境工程技术分类与命名》HJ 496—2009、《袋式除尘器技术要求》GB/T 6719—2009 等来保证锅炉废气的除尘效率。

专业能力评价——量化考核，综合评价

学生进行自评，评价自己是否能够完成引导问题，是否能全面正确分析企业生产中遇到的案例问题；老师根据学生的纪律性、协作性、实训报告完成情况，知识掌握情况进行评价。

（1）学生根据自己对问题回答情况及素质问题，进行自我评价，将评价结果填于表 4-2。

表 4-2　学生自评表

班级：	姓名：	学号：	
情景 1	重力沉降室控制		
评价项目	评价标准	分值	得分
重力沉降室的优缺点	表述正确	10	
重力沉降室的分类	表述准确	10	
重力沉降室基本结构	表述准确	10	
重力沉降室各参数的计算公式	表述准确	10	
影响重力沉降室沉降效率的因素	表述准确	10	
重力沉降室的设计	表述准确	10	
综合素质	分析全面，表述准确	10	
学习态度	态度端正，无无故迟到、早退现象	5	
协作能力	与小组同学能合作交流，协作完成任务	5	
职业素质	综合能力强，能够从环保角度看待问题	5	
创新意识	有自己独到的见解	15	
合计		100	

（2）以小组为单位，对上述学习内容、结果、态度及队内表现进行互评，将评价结果填于表 4-3。

表 4-3　学生互评表

被评价人：															
评价人：															
评价项目	分值	等级								评价对象					
										1	2	3	4	5	6
团队合作	10	优	10	良	8	中	7	差	5						
案例分析	20	优	20	良	17	中	15	差	10						
组织有序	10	优	10	良	8	中	7	差	5						
团队贡献	20	优	20	良	17	中	15	差	10						
学习态度	10	优	10	良	8	中	7	差	5						
学习能力	10	优	10	良	8	中	7	差	5						
合计	100														

（3）教师对学生工作过程、知识综合利用能力进行评价，并将评价结果填于表 4-4。

表 4-4　教师综合评价表

<table>
<tr><td colspan="2">班级：</td><td>姓名：</td><td colspan="2">学号：</td></tr>
<tr><td colspan="5">评价教师：</td></tr>
<tr><th colspan="2">评价项目</th><th>评价标准</th><th>分值</th><th>得分</th></tr>
<tr><td colspan="2">考勤（10%）</td><td>无无故迟到、早退现象</td><td>10</td><td></td></tr>
<tr><td rowspan="7">职业素质（65%）</td><td>重力沉降室的优缺点</td><td>正确说出判断标准名称及功能分区</td><td>10</td><td></td></tr>
<tr><td>重力沉降室的分类</td><td>表述准确</td><td>5</td><td></td></tr>
<tr><td>重力沉降室基本结构</td><td>表述准确，熟练掌握</td><td>10</td><td></td></tr>
<tr><td>重力沉降室各参数的计算公式</td><td>表述准确，熟练掌握</td><td>15</td><td></td></tr>
<tr><td>影响重力沉降室沉降效率的因素</td><td>表述准确，熟练掌握</td><td>15</td><td></td></tr>
<tr><td>重力沉降室的设计</td><td>表述准确，熟练掌握</td><td>5</td><td></td></tr>
<tr><td>专业知识灵活运用</td><td>表述准确，熟练掌握</td><td>5</td><td></td></tr>
<tr><td rowspan="5">思政素质（25%）</td><td>学习态度</td><td>态度端正，认真主动</td><td>5</td><td></td></tr>
<tr><td>职业素质</td><td>专业知识扎实，环保意识强，责任感强</td><td>5</td><td></td></tr>
<tr><td>协作能力</td><td>与小组同学能合作交流，协作完成任务</td><td>5</td><td></td></tr>
<tr><td>安全意识</td><td>具有安全意识，按规范操作意识</td><td>5</td><td></td></tr>
<tr><td>创新意识</td><td>能够提出新颖的想法，有自己独到的见解</td><td>5</td><td></td></tr>
<tr><td colspan="3">合计</td><td>100</td><td></td></tr>
<tr><td rowspan="2">综合得分</td><td>自评（40%）</td><td>小组互评（30%）</td><td>教师评价（30%）</td><td>综合得分</td></tr>
<tr><td></td><td></td><td></td><td></td></tr>
</table>

情景 2　惯性除尘器控制

学习情景描述

通过观看本课程配套网络平台课相关课程资源了解惯性除尘器的工作原理，增强专业认知，提升专业认同感。

学习目标

知识目标	技能目标	思政目标
1. 了解惯性除尘器的优缺点； 2. 熟悉惯性除尘器的工作原理； 3. 了解惯性除尘器的分类	1. 能够正确分析生产中惯性除尘器除尘效率不高的因素，并能提出解决措施； 2. 能够正确分析不同惯性除尘器的使用条件	1. 培养学生团队协作精神； 2. 培养学生职业精神和职业道德

任务书

掌握惯性除尘器的工作原理为后续的学习奠定基础；能够运用所学知识进行案例分析；培养良好的环保意识。

任务分组

表 4-5 学生任务分配表

班级		组号		指导老师	
组长		学号			

组员

姓名	学号	姓名	学号

任务分工

基础知识巩固——专业内容引入

引导问题 1：惯性除尘器有哪些特点？

1. 惯性除尘器的优点有哪些？

2. 惯性除尘器的缺点有哪些？

小提示

挡板式除尘器结构简单，其除尘效率虽然比重力除尘室要高，但由于气流方向转变次数有限，净化效率也不会很高，多用于一级除尘或高效除尘器的前级除尘，以捕集粒径10～20μm以上的粗尘粒，压力损失为100～1000Pa，除尘效率为40%～70%。

专业能力培养——获取专业知识

引导问题2：惯性除尘器的工作原理

1. 简述惯性除尘器的工作原理。

____

____

2. 惯性除尘器可分为哪几类？

____

____

小提示

惯性除尘器的工作原理如图4-2所示。

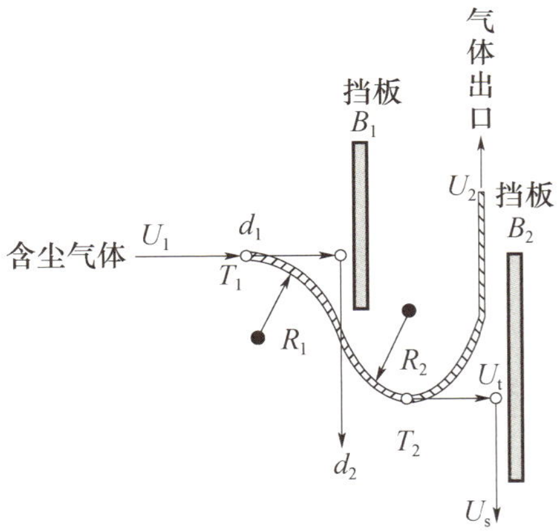

图4-2 惯性力除尘器分离机理

当含尘气流以u_1的速度进入装置后，在T_1点较大的粒子（粒径d_1）由于惯性力作用离开曲率半径为R_1的气流撞在挡板B_1上，碰撞后的粒子由于重力的作用沉降下来而被捕集。粒径比d_1小的粒子（粒径为d_2）则与气流以曲率半径R_1绕过挡板B_1，然后再以曲率半径R_2随气流做回旋运动。当粒径为d_2的粒子运动到T_2点时，将脱离以u_2速度流动的气流撞击到挡板B_2上，同样也因重力沉降而被捕集下来。因此，挡板式除尘器的除尘是惯性力、离心力和重力共同作用的结果。

惯性除尘器分为碰撞式和回转式两种。

引导问题 3：两种不同类型的惯性除尘器的工作原理

1. 简述碰撞式除尘器的工作原理。

2. 碰撞式除尘器挡板分为哪几类？

3. 简述回转式除尘器的工作原理。

4. 回转式除尘器分为哪几类？

小提示

碰撞式除尘器一般是在气流流动的通道内增设挡板，当含尘气流流经挡板时，尘粒借助惯性力撞击在挡板上，失去动能后的尘粒在重力的作用下沿挡板下落，进入灰斗中。

挡板可以是单级，也可以是多级（图 4-3）。多级挡板交错布置，一般可设置 3~6 排。在实际工作中多采用多级式，目的是增加撞击的机会，以提高除尘效率。

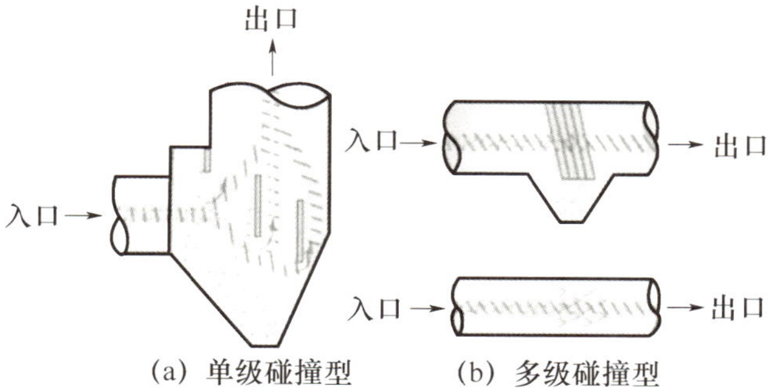

图 4-3 碰撞式惯性除尘器

含尘气体在冲击或改变方向前的速度越高，方向转变的曲率半径越小，转变次数越多，则净化效率越高，但其阻力也越大。板式除尘器用于净化密度和粒径较大的金属或矿物粉尘具有较高的除尘效率，对于黏结性和纤维性粉尘，易堵塞，不宜采用。

回转式除尘器分为弯管型、百叶窗型和多层隔板塔型三种（图 4-4）。它是使含尘气体多次改变运动方向，在转向过程中把粉尘分离出来。

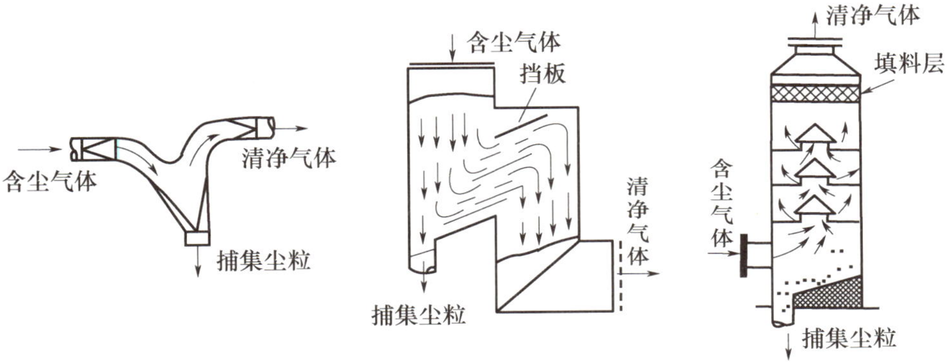

(a) 弯管型　　(b) 百叶窗型　　(c) 多层隔板塔型

图 4-4　回转式除尘器

综合素质培养——提升专业综合素质

引导问题 4：判断正误

惯性除尘器是借助尘粒本身的离心作用力使其与气流分离的装置。

思政融入：环保类专业的学生应如何将专业知识与实践课程结合？

小提示

答案：×。

思政融入：环保类专业的学生应通过认知实践实习，了解环境问题的成因、类型及可能造成的影响，以及背后的社会经济因素，理解环境类专业的学习任务和社会需求，努力整合和融入以社会主义核心价值观为代表的德育目标。

专业能力评价——量化考核，综合评价

学生进行自评，评价是否能够完成引导问题的学习，是否能全面正确分析企业生产中遇到的案例问题；老师根据学生的纪律性、协作性、实训报告完成情况、知识掌握情况进行评价。

（1）学生根据自己对问题的回答情况及素质问题进行自我评价，将评价结果填于表 4-6。

表 4-6　学生自评表

班级：	姓名：	学号：	
情景 2	惯性除尘器控制		
评价项目	评价标准	分值	得分
惯性除尘器的优缺点	表述正确	10	
惯性除尘器的分类	表述准确	10	
惯性除尘器的工作原理	表述准确	15	
碰撞式除尘器的工作原理	表述准确	10	
回转式除尘器的工作原理	表述准确	15	
综合素质	分析全面，表述准确	10	
学习态度	态度端正，无无故迟到、早退现象	5	
协作能力	与小组同学能合作交流，协作完成任务	5	
职业素质	综合能力强，能够从环保角度看待问题	5	
创新意识	有自己独到的见解	15	
合计		100	

（2）以小组为单位，对上述学习内容、结果、态度及队内表现进行互评，将评价结果填于表 4-7。

表 4-7　学生互评表

被评价人：															
评价人：															
评价项目	分值	等级								评价对象					
										1	2	3	4	5	6
团队合作	10	优	10	良	8	中	7	差	5						
案例分析	20	优	20	良	17	中	15	差	10						

续表

被评价人：															
评价人：															
评价项目	分值	等级								评价对象					
										1	2	3	4	5	6
组织有序	10	优	10	良	8	中	7	差	5						
团队贡献	20	优	20	良	17	中	15	差	10						
学习态度	10	优	10	良	8	中	7	差	5						
学习能力	10	优	10	良	8	中	7	差	5						
创新意识	20	优	20	良	17	中	15	差	10						
合计	100														

（3）教师对学生工作过程、知识综合利用能力进行评价，并将评价结果填于表 4-8。

表 4-8　教师综合评价表

班级：		姓名：		学号：	
评价教师：					
评价项目		评价标准		分值	得分
考勤（10%）		无无故迟到、早退现象		10	
职业素质（70%）	惯性除尘器的优缺点	正确说出判断标准名称及功能分区		20	
	惯性除尘器的分类	表述准确		15	
	惯性除尘器的工作原理	表述准确，熟练掌握		15	
	碰撞式除尘器的工作原理	表述准确，熟练掌握		15	
	回转式除尘器的工作原理	表述准确，熟练掌握		5	
思政素质（20%）	学习态度	态度端正，认真主动		5	
	协作能力	与小组同学能合作交流，协作完成任务		5	
	安全意识	具有安全意识，按规范操作意识		5	
	职业精神	有良好的职业道德和职业精神		5	
合计				100	
综合得分	自评（40%）	小组互评（30%）	教师评价（30%）	综合得分	

任务2 废气颗粒污染物中效控制

情景1 旋风除尘器控制

学习情景描述

通过观看本课程配套网络平台课相关课程资源，了解旋风除尘器的工作原理和常见的旋风除尘器，增强专业认知，提升专业认同感。

学习目标

知识目标	技能目标	思政目标
1. 了解旋风除尘器的工作原理； 2. 了解旋风除尘器的分级效率计算公式； 3. 熟悉影响旋风除尘器除尘效率的因素； 4. 了解XLT型、XLP型、XLK型、组合式多管旋风除尘器工作原理	1. 能够正确分析生产中旋风除尘器除尘效率不高的因素，并能提出解决措施； 2. 能够正确分析不同旋风除尘器的使用条件	1. 培养学生团队协作精神； 2. 培养学生职业精神和职业道德

任务书

掌握旋风除尘器的工作原理及常见旋风除尘器的工作原理等基础知识，为将来从事环保工作奠定基础；能够运用所学知识进行案例分析；培养良好的环保意识。

任务分组

表 4-9　学生任务分配表

<table>
<tr><td>班级</td><td></td><td>组号</td><td></td><td>指导老师</td><td></td></tr>
<tr><td>组长</td><td></td><td>学号</td><td></td><td></td><td></td></tr>
<tr><td>组员</td><td colspan="5"><table>
<tr><td>姓名</td><td>学号</td><td>姓名</td><td>学号</td></tr>
<tr><td></td><td></td><td></td><td></td></tr>
<tr><td></td><td></td><td></td><td></td></tr>
<tr><td></td><td></td><td></td><td></td></tr>
<tr><td></td><td></td><td></td><td></td></tr>
<tr><td></td><td></td><td></td><td></td></tr>
<tr><td></td><td></td><td></td><td></td></tr>
</table></td></tr>
<tr><td colspan="6">任务分工</td></tr>
</table>

基础知识巩固——专业内容引入

引导问题 1：旋风除尘器的工作原理

1. 旋风除尘器的优点有哪些？

2. 普通旋风除尘器的结构有哪些？

3. 简述旋风除尘器的工作原理。

小提示

旋风除尘器是利用气流在旋转运动中产生的离心力来清除气流中尘粒的设备。旋风除尘器结构简单，制造容易，造价和运行费用较低，适用于捕集粒径 5μm 以上的粉尘，除尘效率 80%~90%，在工业部门有着广泛的应用。对除尘效果要求不太高的场所，旋风除尘器应用非常普遍，而对除尘效果要求较高的场所，常把它作为多级除尘系统的第一级。

旋风除尘器的各部分结构如图 4-5 所示。

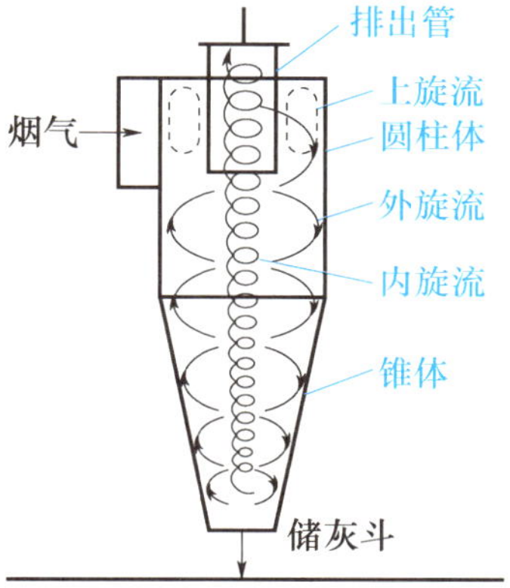

图 4-5　旋风除尘器的各部分结构

旋风除尘器由进气管、筒体、锥体和排气管组成。排气管插入外圆筒形成内圆筒，进气管与筒体相切，筒体下部是锥体，锥体下部是集尘室。含尘气体由除尘器入口沿切线方向进入后，沿外壁由上向下做旋转运动，这股向下旋转的气流称为外旋流。旋转下降的外旋流因受锥体收缩的影响渐渐向中心汇集，到达锥体底部后，转而向上旋转，形成一股自下而上的旋转气流，这股旋转向上的气流称为内旋流。向下的外旋流和向上的内旋流的旋转方向是相同的。气流做旋转运动时，尘粒在离心力的作用下向外壁移动，到达外壁的粉尘在下旋气流和重力的共同作用下沿壁面落入集尘室。

专业能力培养——获取专业知识

引导问题 2：旋风除尘器的除尘效率

1. 旋风除尘器分级效率的计算公式是什么？

2. 除尘效率与粉尘粒径的关系如何？

小提示

旋风除尘器分级效率计算公式如下：

$$\eta d_i = 1-\exp\left[-0.163\left(\frac{d}{d_c}\right)\right]$$

式中，d 为尘粒的粒径，μm；d_c 为尘粒的分割粒径，μm。

当含尘气体进入旋风除尘器形成外旋流时，处于气流中的尘粒会同时受到离心力和向心力的作用。离心力的大小与粉尘的粒径有关，粒径越大，粉尘获得的离心力越大。因此，在其他条件一定的情况下，必定有一个临界粒径 d_c，当粉尘的粒径大于临界粒径时，粉尘受到的离心力大于向心力，尘粒被推至外壁面而被分离。相反，当粉尘的粒径小于临界粒径时，粉尘受到的离心力小于所受到的向心力，尘粒被推入上升的内旋流中，在轴向气流的作用下，随着气体排出除尘器。对于粒径等于临界粒径的尘粒，由于所受的离心力和所受的向心力相等，它将在内、外旋流的交界面上旋转。在各种随机因素的影响下，或被分离排除或被内旋流随气体带出，其概率均为 50%。把能够被旋风除尘器除掉 50%的尘粒粒径称为分割粒径，用 d_c 表示。显然，d_e 越小，除尘器的除尘效率越高。

引导问题 3：影响旋风除尘器性能的因素

1. 除尘器的入口和排气口形式如何？

2. 除尘器的比例尺寸如何？

3. 除尘器底部的严密性如何？

4. 入口风速如何？

5. 烟尘的物理性质如何？

小提示

旋风除尘器的入口形式可分为轴向进入式和切向进入式。

轴向进入式是利用进口设置的导流叶片促使气体做旋转运动，借助旋转气流产生的离心力使尘粒分离。与切向式相比，在同一压力损失下，处理的气量可增加两倍，而且气流分配均匀。轴向进入式又分为轴流直进式和轴流反转式（图 4-6）。轴流反转式的阻力一般为 800~1000Pa，除尘效率与切向式比较无显著差别。轴流直通式的阻力比较小，一般为 400~500Pa，但除尘效率比较低。轴流式旋风除尘器常用于组合多管旋风除尘器，用于处理废气量大的场合。

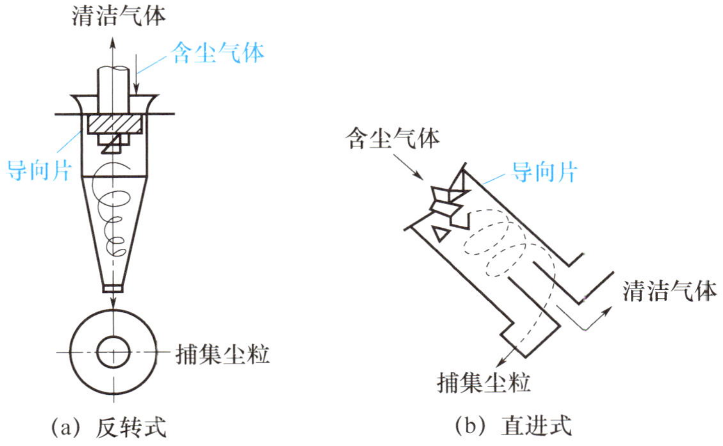

图 4-6　轴向进入式旋风除尘器

切向进入式包括蜗壳式、螺丝顶式和狭缝式等。直入式的入口进气管外壁与筒体相切，蜗壳式的入口进气管内壁与筒体相切，外壁采用渐开线的形式。由于蜗壳式入口有一环形空间，使进口气流距筒体外壁更近，缩短了尘粒向壁面的沉降距离。同时，也减少了进口气流与内旋涡之间的相互干扰，可以提高除尘效率和降低气体进口的阻力。

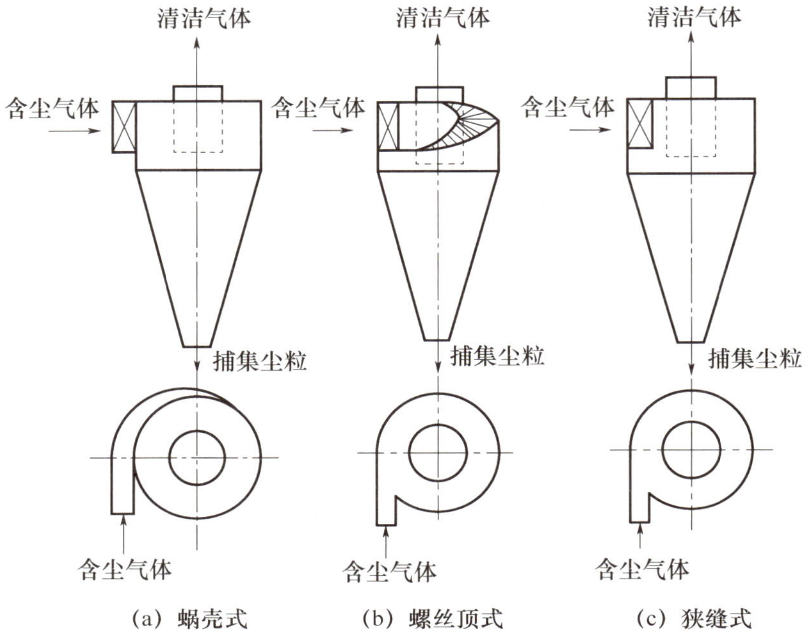

图 4-7　切向进入式旋风除尘器

旋风除尘器的各个部件都有一定的尺寸比例，尺寸比例的变化影响旋风除尘器的效率和压力损失等。结构上，影响性能的因素有入口形式、筒体直径、排出管直径、筒体和锥体高度、排尘口直径及除尘器底部的严密性等。

① 筒体直径：由计算离心力的公式可知，在相同的转速下，筒体的直径越小，尘粒受到的离心力越大，除尘效率越高。但筒体直径越小，处理的风量也就越少，并且筒体直径过小还会引起粉尘堵塞，因此筒体的直径一般不小于 0. 15m。同时，为了保证除尘效率，筒体的直径也不要大于 1m。在需要处理风量大的情况时，往往采用同型号旋风除尘器的并联组合或采用多管型旋风除尘器。

② 排出管直径：减小排气管直径可以减小内旋涡直径，有利于提高除尘效率，但减小排出管直径会加大出口阻力。一般取排出管直径为筒体直径的 0. 4~0. 65 倍。

③ 筒体和锥体高度：加长筒体长度虽然可以增加尘粒在旋风除尘器内的停留时

间，有利于沉降。但由于外旋流向心的径向运动，会使下旋的含尘外旋流气流在下旋过程中不断进入净化后的上旋内旋流中而造成返混。在锥体部分，由于断面逐渐减小，尘粒向壁面的沉降距离也逐渐减小。同时，气流的旋转速度不断增加，尘粒受到的离心力增大，有利于尘粒的分离，但锥体长度增加会使阻力增加，因此高效除尘器采用的锥体长度为筒体直径的 2.8~2.85 倍。筒体和锥体的总高度不超过筒体直径的 5 倍。

④ 排尘口直径：排尘口直径过小会影响粉尘沉降同时易被粉尘堵塞，因此排尘口直径一般为排气管直径的 0.7~1.0 倍，且不能小于 70mm。

无论旋风式除尘器在正压还是在负压下操作，其底部总是处于负压状态。如果除尘器底部不严密，从外部漏入的空气就会把正落入灰斗的一部分粉尘重新卷入内旋涡并带出除尘器，使除尘效率显著下降。因此，在不漏风的情况下进行正常排尘是保证旋风除尘器正常运行的重要条件。收尘量不大的除尘器，可在排尘口下设置固定灰斗，定期排放。对收尘量大且连续工作的除尘器可设置双翻板式或回转式锁气室。锁气室具体结构如图 4-8 所示。

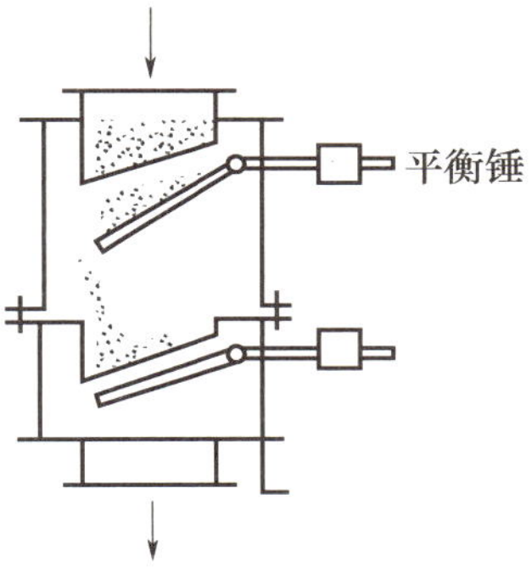

(a) 双翻板式

(b) 回转式

图 4-8　锁气室

增大烟尘中尘粒的真密度和粒径，除尘效率显著提高；进口含尘浓度增大，除尘器阻力下降，对效率影响不大；气体黏度增大和温度的升高使除尘器的效率下降。

引导问题 4：常见旋风除尘器的结构和性能

1. 旋风除尘器字母分别代表什么？

______

______

______

2. 简述 XLT 型旋风除尘器的性能。

3. 简述 XLP 型旋风除尘器的性能。

4. 简述 XLK 型旋风除尘器的性能。

5. 简述组合式多管旋风除尘器的性能。

小提示

旋风除尘器的型号名称很多，如 XLT 型、XLP 型、XLK 型、XZT 型等。旋风除尘器的命名方法是：第一个字母 X 表示旋风除尘器，第二、三个字母表示结构特点，有时也用来表示工作原理。用来表示结构特点的字母有 L（立式）、P（旁路式）、W（卧式）、C（长筒式）和 T（筒式）等，用来表示工作原理的字母有 P（平旋）、K（扩散）、Z（直流）、G（多管）等。个别情况需要第四位表示不同用途时，可用斜线隔开，后加第四位。例如同一形式的除尘器，本来用于一般工业通风除尘，后经部分改造而用于锅炉废气除尘时，则可用斜线后加 G 字母的办法以示区别，但原为锅炉废气设计的除尘器不必再加斜线及第四位字母。

另外，根据在系统中安装位置的不同分为吸入式（X 型）和压出式（Y 型）；根据进入气流方向的不同分为 S 型和 N 型，从除尘器的顶部看，进入气流按顺时针旋转者为S型，逆时针旋转者为N型。

（1）XLT型旋风除尘器

XLT型旋风除尘器（图4-9）是应用最早的旋风除尘器。这种除尘器结构简单，制造容易，压力损失小，处理气量大，但除尘效率不高，其他各种类型的旋风除尘器都是由它改进而来的。目前已逐渐被其他高效旋风除尘器所取代。

XLT/A型旋风除尘器（图4-10）是XLT的改进型，其结构特点是具有螺旋下倾顶盖的直接式进口，螺旋下倾角为15°，筒体和锥体均较长。有单筒、双筒、三筒、四筒、六筒等多种组合。单筒体和蜗壳可做成右旋转和左旋转两种形式，每种组合又分为水平出风和上部出风两种出风形式。含尘气体入口速度在10~18m/s范围内，压力损失较大，除尘效率80%~90%。其适用于除去密度较大的干燥的非纤维性灰尘，主要用于冶炼、铸造、喷砂、建筑材料、水泥、耐火材料等工业除尘。

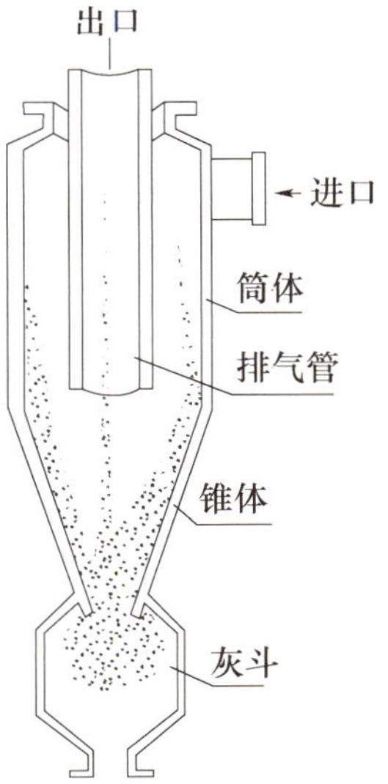

图4-9　XLT型旋风除尘器

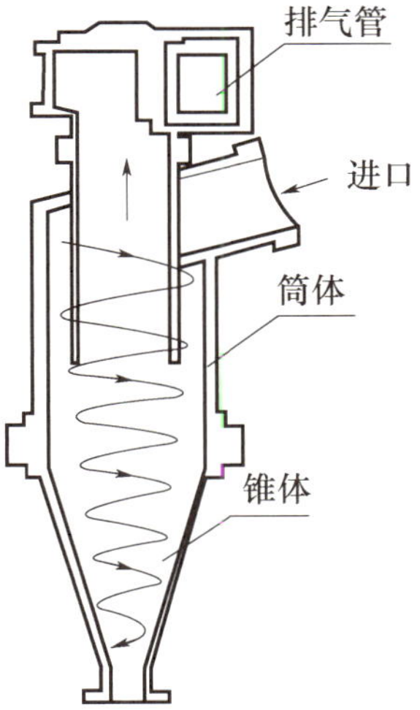

图4-10　XLT/A型旋风除尘器

（2）XLP型旋风除尘器

XLP型旋风除尘器又称旁路式旋风除尘器，其结构特点是带有半螺旋或全螺旋线型的旁路分离室，使在顶盖形成的粉尘从旁路分离室引至锥体部分，以除掉5μm以上较细的尘粒。XLP型旋风除尘器的入口进气速度范围是12~20m/s，可除去5μm以上的粉尘；除去5μm以下的粉尘效率很低，只能达到20%~30%；除去10μm粉尘的分级效率约为90%。

图 4-11 和图 4-12 分别是呈半螺旋形的 XLP/A 型和呈全螺旋形的 XLP/B 型两种不同旋风除尘器的构造图。

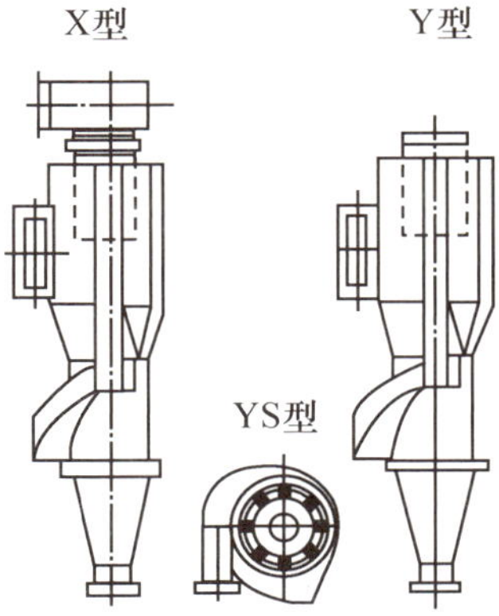

图 4-11　XLP/A 型旋风除尘器

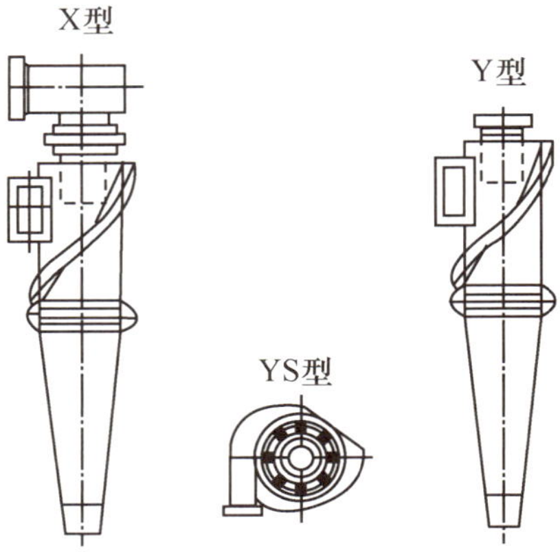

图 4-12　XLP/B 旋风除尘器

（3）XLK 型旋风除尘器

XLK 型旋风除尘器又称扩散式旋风除尘器，其结构特点是在器体下部安装有倒圆锥和圆锥形反射屏（又称挡灰盘）。在一般的旋风除尘器中，有一部分气流随尘粒一起进入集尘斗，当气流自下向上进入内旋流时，由于内旋流负压产生的吸引力作用，使已分离的尘粒被重新卷入内旋流，并被出口气流带出除尘器，降低了除尘效率。而在 XLK 型旋风除尘器中，含尘气流进入除尘器后，从上而下做旋转运动，到达锥体下部反射屏时已净化的气体在反射屏的作用下，大部分气流折转形成上旋气流从排出管排出。紧靠器壁的少量含尘气流由反射屏和倒锥体之间的环隙进入灰斗。进入灰斗后的含尘气体由于流道面积大、速度降低，粉尘得以分离。净化后的气流由反射屏中心透气孔向上排出，与上升的主气流汇合后经排气管排出。由于反射屏的作用，防止了返回气流重新被卷起，提高了除尘效率。

XLK 型旋风除尘器结构如图 4-13 所示。

为了提高除尘效率或增大处理气体量，往往将多个旋风除尘器串联或并联使用。为了净化大小不同的特别是细粉尘等含尘气体，可将多个除尘效率不同的旋风除尘器串联起来使用，这种组合方式称为串联式旋风除尘器组合形式。当处理气体量较大时，可将多个旋风除尘器并联起来使用，这种组合方式称为并联式旋风除尘器组合形式。旋风除尘器串联使用并不多见，常见的是并联起来使用。在处理气量相同的情况下，以小直径的旋风除尘器代替大直径的旋风除尘器，可以提高净化效率。串联式旋风除尘器的处理量取决于第一级除尘器的处理量；总压力损失等于各除尘器及连接件的压损之和，再乘以 1.1~1.2 的系数；并联除尘器的压损为单体压损的 1.1 倍，处理气量为各单元处理气量之和。

图 4-14 是三级串联式旋风除尘器示意图。

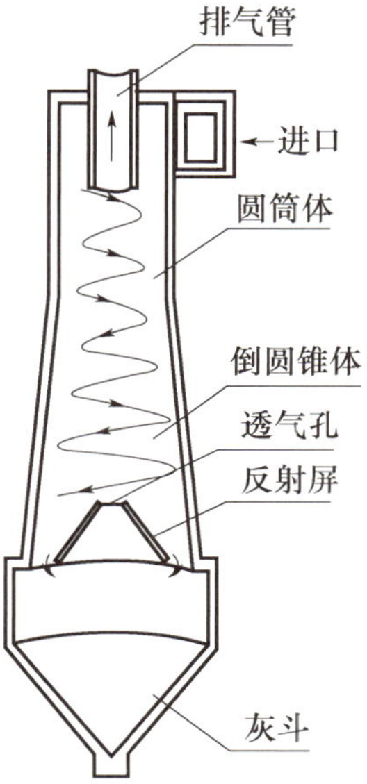

图 4-13　XLK 型旋风除尘器

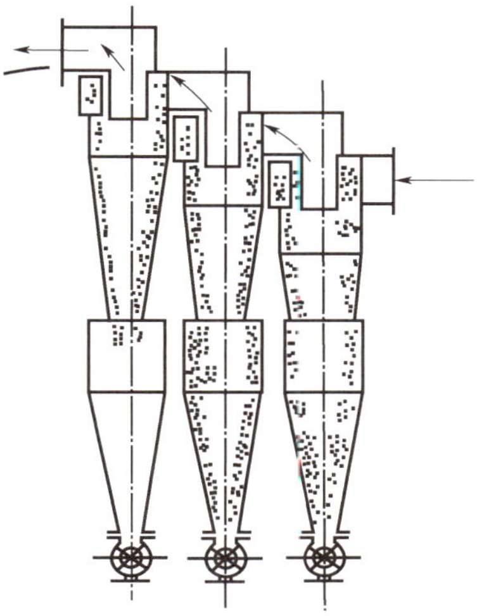

图 4-14　三级串联式旋风除尘器

第一级锥体较短，净化较大的颗粒物；第二级和第三级的锥体逐渐加长，净化较细的粉尘。

并联式多管旋风除尘器的排列方式主要有单排排列和双排排列，如图 4-15 所示。

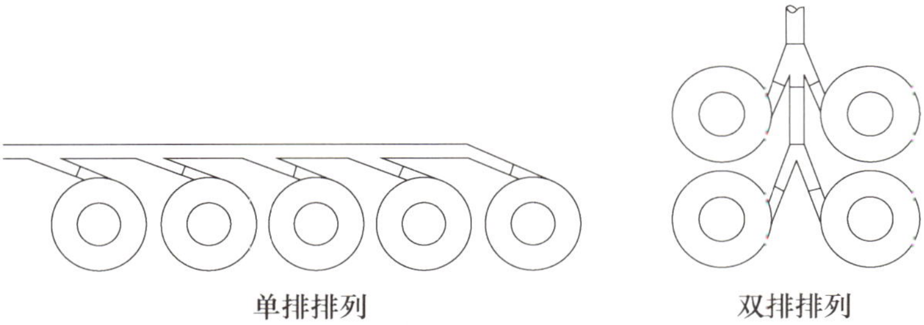

图 4-15　并联式多管旋风除尘器的排列方式

综合素质培养——提升专业综合素质

引导问题5：除尘器的分级效率和总效率的计算

某旋风除尘器的分割粒径 $d_c=6\mu m$，除尘器入口的粒径分布如下：

尘粒粒径（μm）	0~5	5~10	10~20	20~30	30~40	>400
平均粒径（μm）	2.5	7.5	15	25	35	40
频率分布（%）	7	21	36	17	9	10

试计算该除尘器的分级效率和总效率。

思政融入：环保类专业的学生要如何扣好“人生第一粒扣子”？

____

____

____

____

小提示

答案解析：

由公式 $\eta d_i=1-\exp\left[-0.163\left(\frac{d}{d_c}\right)\right]$，计算出不同粒径的分级效率。

尘粒粒径（μm）	0~5	5~10	10~20	20~30	30~40	>400
平均粒径（μm）	2.5	7.5	15	25	35	40
频率分布（%）	7	21	36	17	9	10

除尘器的总效率为

$$\eta=\sum gd_i\eta d_i$$

$$=0.07\times0.25+0.21\times0.579+0.36\times0.832+0.17\times0.944+0.09\times0.982+0.10\times1.0$$

$$=78.75\%$$

思政融入：扣好人生的第一粒扣子是成长的关键一步，扣好扣子代表着树立坚定的信仰，能够自觉践行社会主义核心价值观。爱国、励志、求真、力行。文化自信是更基础、更广泛、更深厚的自信；文化自信是更基本、更深沉、更持久的力量，努力为环保事业做出自己的贡献。

专业能力评价——量化考核，综合评价

正确分析企业生产中遇到的案例问题；老师根据学生的纪律性、协作性、实训报告完成情况、知识掌握情况进行评价。

（1）学生根据自己对问题回答情况及素质问题进行自我评价，将评价结果填于表 4-10。

表 4-10　学生自评表

班级：	姓名：	学号：	
情景 1	旋风除尘器控制		
评价项目	评价标准	分值	得分
旋风除尘器优、缺点	表述准确	10	
旋风除尘器工作原理	表述准确	15	
旋风除尘器工作效率	表述准确	10	
影响旋风除尘器性能的因素	表述准确	10	
常见旋风除尘器的性能	表述准确	15	
综合素质	分析全面，表述准确	10	
学习态度	态度端正，无无故迟到、早退现象	5	
协作能力	与小组同学能合作交流，协作完成任务	5	
职业素质	综合能力强，能够从环保角度看待问题	5	
创新意识	有自己独到的见解	15	
合计		100	

（2）以小组为单位，对上述学习内容、结果、态度及队内表现进行互评，将评价结果填于表 4-11。

表 4-11　学生互评表

被评价人：

评价人：

评价项目	分值	等级								评价对象					
										1	2	3	4	5	6
团队合作	10	优	10	良	8	中	7	差	5						
案例分析	20	优	20	良	17	中	15	差	10						
组织有序	10	优	10	良	8	中	7	差	5						
团队贡献	20	优	20	良	17	中	15	差	10						
学习态度	10	优	10	良	8	中	7	差	5						
学习能力	10	优	10	良	8	中	7	差	5						
创新意识	20	优	20	良	17	中	15	差	10						
合计	100														

（3）教师对学生工作过程、知识综合利用能力进行评价，并将评价结果填于表 4-12。

表 4-12　教师综合评价表

<table>
<tr><td colspan="2">班级：</td><td>姓名：</td><td colspan="2">学号：</td></tr>
<tr><td colspan="5">评价教师：</td></tr>
<tr><th colspan="2">评价项目</th><th>评价标准</th><th>分值</th><th>得分</th></tr>
<tr><td colspan="2">考勤（10%）</td><td>无无故迟到、早退现象</td><td>10</td><td></td></tr>
<tr><td rowspan="5">职业素质（70%）</td><td>旋风除尘器优、缺点</td><td>正确说出判断标准名称及功能分区</td><td>20</td><td></td></tr>
<tr><td>旋风除尘器工作原理</td><td>表述准确</td><td>20</td><td></td></tr>
<tr><td>旋风除尘器工作效率</td><td>表述准确，熟练掌握</td><td>10</td><td></td></tr>
<tr><td>影响旋风除尘器性能的因素</td><td>表述准确，熟练掌握</td><td>10</td><td></td></tr>
<tr><td>常见旋风除尘器的性能</td><td>表述准确，熟练掌握</td><td>10</td><td></td></tr>
<tr><td rowspan="4">思政素质（20%）</td><td>学习态度</td><td>态度端正，认真主动</td><td>5</td><td></td></tr>
<tr><td>协作能力</td><td>与小组同学能合作交流，协作完成任务</td><td>5</td><td></td></tr>
<tr><td>安全意识</td><td>具有安全意识，按规范操作意识</td><td>5</td><td></td></tr>
<tr><td>职业精神</td><td>有良好的职业道德和职业精神</td><td>5</td><td></td></tr>
<tr><td colspan="3">合计</td><td>100</td><td></td></tr>
</table>

<table>
<tr><td rowspan="2">综合得分</td><td>自评（40%）</td><td>小组互评（30%）</td><td>教师评价（30%）</td><td>综合得分</td></tr>
<tr><td></td><td></td><td></td><td></td></tr>
</table>

情景2　湿式除尘器控制

学习情景描述

通过观看本课程配套网络平台课相关课程资源，了解湿式除尘器的除尘机理，增强专业认知，提升专业认同感。

学习目标

知识目标	技能目标	思政目标
1. 了解湿式除尘器的特点； 2. 熟悉湿式除尘器的除尘原理； 3. 熟悉重力喷雾器的性能及结构； 4. 熟悉旋风洗涤除尘器、自激喷雾除尘器、泡沫除尘器、文丘里洗涤器的性能及结构	1. 能够正确分析生产中湿式除尘器除尘效率不高的因素，并能提出解决措施； 2. 能够正确分析不同湿式除尘器的使用条件	1. 培养学生团队协作精神； 2. 培养学生职业精神和职业道德； 3. 培养学生爱国情怀

任务书

掌握湿式除尘器的工作原理，熟悉常见湿式除尘器的应用范围，为将来从事环保工作奠定基础；能够运用所学知识进行案例分析；培养良好的环保意识。

任务分组

表 4-13　学生任务分配表

<table>
<tr><td>班级</td><td></td><td>组号</td><td></td><td>指导老师</td><td></td></tr>
<tr><td>组长</td><td></td><td>学号</td><td></td><td></td><td></td></tr>
<tr><td>组员</td><td colspan="5"><table>
<tr><td>姓名</td><td>学号</td><td>姓名</td><td>学号</td></tr>
<tr><td></td><td></td><td></td><td></td></tr>
<tr><td></td><td></td><td></td><td></td></tr>
<tr><td></td><td></td><td></td><td></td></tr>
<tr><td></td><td></td><td></td><td></td></tr>
<tr><td></td><td></td><td></td><td></td></tr>
<tr><td></td><td></td><td></td><td></td></tr>
</table></td></tr>
<tr><td colspan="6">任务分工</td></tr>
<tr><td colspan="6"></td></tr>
</table>

基础知识巩固——专业内容引入

引导问题 1：湿式除尘器

1. 湿式除尘器的定义。

2. 湿式除尘器的应用范围有哪些？

小提示

湿式除尘器又称洗涤式除尘器，是利用液体的洗涤作用，使尘粒从气流中分离出来的除尘器。湿式除尘器既能净化废气中的颗粒污染物，也能脱除气态污染物（气体吸收），同时还能起到气体降温的作用。

湿式除尘器还具有投资少，构造简单，净化效率高的特点。其适用于捕集粒径1μm以上的尘粒，除尘效率达90%以上。设备本身一般没有可动部件，适用于净化非纤维性和不与水发生化学反应，不发生黏结现象的各类粉尘，尤其适宜净化高温、易燃、易爆及有害气体。缺点是容易受酸碱性气体腐蚀，管道设备必须防腐；要消耗一定量的水，粉尘回收困难，污水和污泥要进行处理；使烟气抬升高度减小，冬季烟筒会产生冷凝水；遇到疏水性粉尘，单纯用清水会降低除尘效率，往往需要加净化剂来改善除尘效率；在寒冷地区要考虑设备的防冻等问题。

专业能力培养——获取专业知识

引导问题2：湿式除尘器除尘原理

1. 简述湿式除尘器的除尘原理。

____

____

2. 湿式除尘器根据除尘机理可分为哪几类？

____

____

3. 湿式除尘器根据气、液分散情况可分为哪几类？

____

____

小提示

在除尘器内含尘气体与水或其他液体相碰撞时，尘粒发生凝聚，进而被液体介质捕获，达到除尘的目的。气体与水接触有如下过程：尘粒与预先分散的水膜或雾状液相接触；含尘气体冲击水层产生鼓泡，形成细小水滴或水膜；较大的粒子在与水滴碰撞时被捕集，捕集效率取决于粒子的惯性及扩散程度。因为水滴与气流间有相对运动，并由于水滴周围有环境气膜作用，所以气体与水滴接近时，气体改变流动方向绕过水滴，而尘粒受惯性力和扩散的作用，保持原轨迹运动与水滴相撞。这样，在一定范围内，尘粒都有可能与水滴相撞，然后由于水的作用凝聚成大颗粒，被水流带走。这说明，水滴小且多，比表面积加大，接触尘粒机会就多，碰撞、扩散、凝聚效率也高；尘粒的相对密度、粒径以及与水滴的相对速度越大，碰撞、凝聚效率就越高；而液体的黏度、表面张力越大，水滴直径大，分散越不均匀，碰撞凝聚效率就越低。试验与生产经验表明，亲水粒子比疏水粒子容易捕集，这是因为亲水粒子容易通过水膜。

根据除尘机理，可将湿式除尘器分为重力喷雾洗涤器、旋风洗涤除尘器、自激式喷雾洗涤器、泡沫洗涤器、填料床洗涤器、文丘里洗涤器及机械诱导喷雾洗涤器。

根据气液分散的情况，分为液滴洗涤器（包括重力喷雾洗涤器、自激式喷雾洗涤器、文丘里洗涤器和机械诱导喷雾洗涤器）、液膜洗涤器（包括填料床洗涤器、旋风水膜除尘器）和液层洗涤器（包括泡沫洗涤器）。

引导问题3：常见的湿式除尘器

1. 简述重力喷雾洗涤器的结构及性能。

____

____

____

2. 简述旋风洗涤除尘器的结构及性能。

____

____

____

3. 简述自激喷雾除尘器的结构及性能。

____

____

____

4. 简述泡沫除尘器的结构及性能。

5. 简述文丘里洗涤器的结构及性能。

小提示

（1）重力喷雾洗涤器

重力喷雾洗涤器示意图如图 4-16 所示。

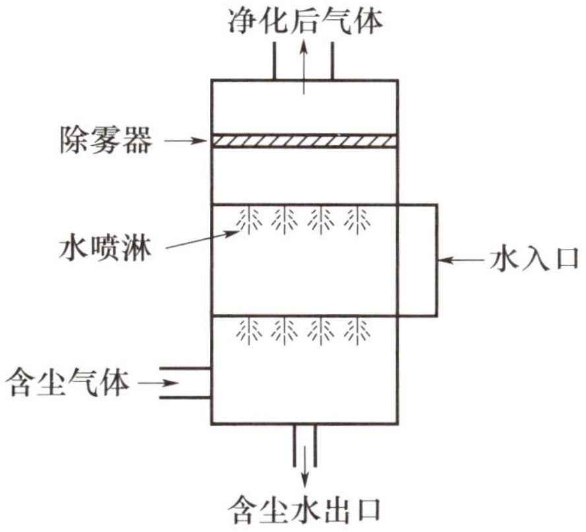

图 4-16　重力喷雾洗涤器示意图

重力喷雾洗涤器又称喷雾塔或洗涤塔，是湿式洗涤器中最简单的一种。在干净气体塔内，含尘气体通过喷淋液体所形成的液滴空间时，由于尘粒和液滴之间的碰撞、拦截和凝聚等作用，较大较重的尘粒靠重力作用沉降下来，与洗涤液一起从塔底排走。为了防止气体出口夹带液滴，常在塔顶安装除雾器。被净化的气体排入大气，从而实现除尘的目的。

一般按照尘粒与水流流动方式不同可将重力喷雾洗涤器分为逆流式、并流式和横流式。

通过喷雾洗涤器的水流速度与气流速度之比大致为 0.015~0.075。气体入口速度范围一般为 0.6~1.2m/s，耗水量为 0.4~1.35L/m^2。一般工艺中应设置沉淀池，使固体沉淀后循环使用。但因为蒸发的原因，应不断给予补充。

喷雾洗涤器的压力损失较小，一般在250Pa以下。对于粒径10μm以下尘粒的捕集效率低，因而多用于净化大于10μm的尘粒。重力喷雾洗涤器具有结构简单、阻力小、操作方便等特点，但耗水量大，设备庞大，占地面积大，除尘效率低。因此常被用于电除尘器入口前的烟气调质，以改善烟气的比电阻，也可用于处理含有害气体的烟气。

（2）旋风洗涤除尘器

旋风洗涤除尘器与干式旋风除尘器相比，由于附加了水滴的捕集作用，除尘效率明显提高。在旋风洗涤除尘器中，含尘气体的螺旋运动产生的离心力将水滴甩向外壁形成壁流，减少了气流带水，增加了气、液间的相对速度，不仅可以提高惯性碰撞效率，而且采用更细的喷雾，壁液还可以将离心力甩向外壁的粉尘立刻冲下，有效地防止了二次扬尘。

旋风洗涤器适用于净化大于5pm的粉尘。在净化亚微米范围的粉尘时，常将其串联在文丘里洗涤器之后，作为凝聚水滴的脱水器。

常用的旋风洗涤除尘器有旋风水膜除尘器和中心喷雾旋风除尘器。

① 旋风水膜除尘器

立式旋风水膜除尘器是应用比较广泛的一种洗涤式除尘器。在圆筒形的筒体上部，沿筒体切线方向安装若干个喷嘴，水雾喷向器壁，在器壁上形成一层很薄的不断向下流动的水膜。含尘气体由筒体下部切向导入旋转上升，气流中的尘粒在离心力的作用下被甩向器壁，从而被液滴和器壁上的液膜捕集，最终沿器壁向下注入集水槽，经排污口排出。净化后的气体由顶部排出。

立式旋风水膜除尘器如图4-17所示。

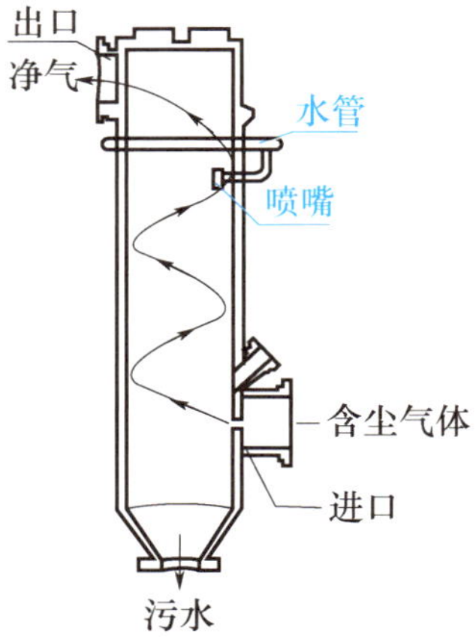

图4-17　立式旋风水膜除尘器

卧式旋风水膜除尘器又称旋筒式除尘器。它由外筒、内筒、螺旋形导流体、集水槽及排水装置等组成。除尘器的外筒和内筒横向水平放置，设在内筒壁上的导流片使外筒和内筒之间形成一个螺旋形的通道，除尘器下部为集水槽。

含尘气体从除尘器一端沿切线方向进入，气体沿螺旋通道做旋转运动，在离心力的作用下，尘粒被甩向筒壁；气流冲击水面激起的水滴和尘粒碰撞，把一部分尘粒捕获；携带水滴的气流继续做旋转运动，水滴被甩向器壁形成水膜，又把落在器壁上的尘粒捕获。由于这种卧式旋风除尘器综合了旋风、冲击水浴和水膜三种除尘形式，因而其除尘效率可达90%以上，最高可达98%。

卧式旋风水膜除尘器示意图如图4-18所示。

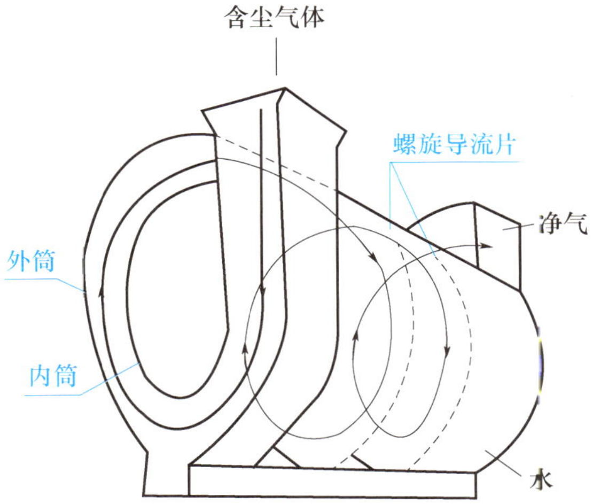

图4-18 卧式旋风水膜除尘器

② 中心喷雾旋风除尘器

含尘气流由除尘器下部以切线方向进入，水通过轴向安装的多头喷嘴喷入，尘粒在离心力的作用下被甩向器壁，水由喷雾多孔管喷出后形成水雾，利用水滴与尘粒的碰撞作用和器壁水膜对尘粒的黏附作用而除去尘粒。入口处的导流板可以调节气流入口速度和压力损失。如需进一步控制，则要调节中心喷雾管入口处的水压。

中心喷雾旋风除尘器结构简单，设备造价低，操作运行稳定可靠。由于塔内气流旋转运动的路程比喷雾塔长，尘粒与液滴之间相对运动速度大，因而使粉尘被捕集的概率大。中心喷雾旋风除尘器对粒径在0.5μm以下粉尘的捕集效率可达95%以上，压力损失为500~2000Pa，耗水量为0.4~1.3L/m^3。

中心喷雾旋风除尘器示意图如图 4-19 所示。

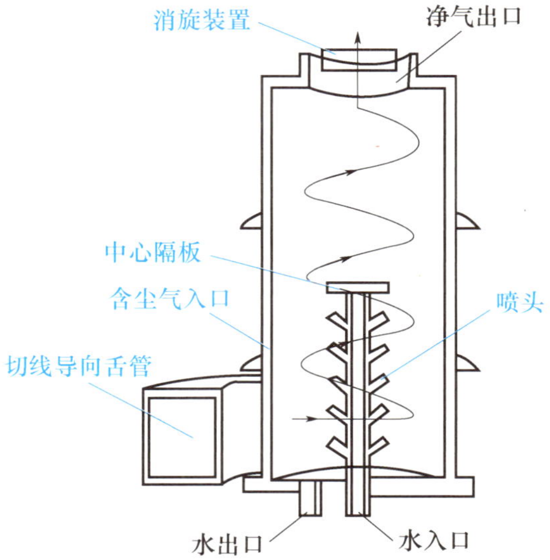

图 4-19　中心喷雾旋风除尘器示意图

（3）自激喷雾除尘器

冲击液体表面依靠气流自身的动能激起水滴和水雾的除尘器称为自激喷雾除尘器。该除尘器由洗涤除尘室、排泥装置和水位控制系统组成。在洗涤除尘器内设置了 S 形通道，使气流冲击水面激起的泡沫和水花充满整个通道，从而使尘粒与液滴的接触机会大大增加。含尘气流进入除尘器后，转弯向下冲击水面，粗大的尘粒在惯性的作用下冲入水中被水捕集直接沉降在泥浆斗内。未被捕集的微细尘粒随着气流高速通过 S 形通道，激起大量的水花和水雾，使粉尘与水滴充分接触，通过碰撞和截留，使气体得到进一步的净化，净化后的气体经挡水板脱水后排出。

自激喷雾除尘器入口风速一般取 15~20m/s，进气室的下降流速 3~4m/s，S 形通道内的气流速度 18~35m/s，除尘效率可达 95%，设备阻力 1000~1600Pa，耗水量 0.04L/m^2。

自激喷雾除尘器结构紧凑，占地面积小，施工安装方便，负荷适应性好，耗水量少。缺点是价格较贵，压力损失大。

自激喷雾除尘器示意图如图 4-20 所示。

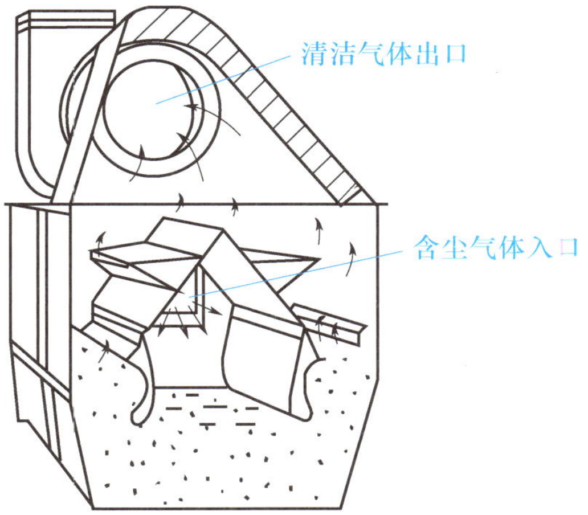

图 4-20 自激喷雾除尘器示意图

（4）泡沫除尘器

泡沫除尘器是依靠含尘气体流经筛板产生的泡沫捕集粉尘的除尘器，又称泡沫洗涤器，简称泡沫塔。这类除尘器一般分为无溢流泡沫除尘器和有溢流泡沫除尘器两类。

泡沫除尘器一般做成塔的形式，根据允许压力降和除尘效率，在塔内设置单层或多层塔板。塔板一般为筛板，通过顶部喷淋（无溢流）或侧部供水（有溢流）的方式，保持塔板上具有一定高度的液面。含尘气流由塔下部导入，均匀通过筛板上的小孔而分散于液相中，同时产生大量的泡沫，增加了两相接触的表面积，使尘粒被液体捕集。被捕集下来的尘粒，随水流从除尘器下部排出。

泡沫除尘器示意图如图 4-21 所示。

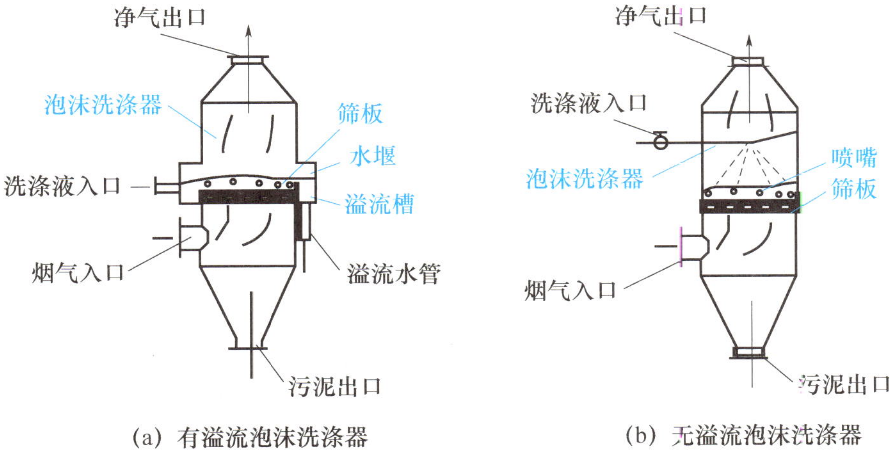

图 4-21 泡沫除尘器示意图

（5）文丘里洗涤器

文丘里洗涤器是一种高效湿式洗涤器，常用在高温烟气降温和除尘上。文丘里洗涤器一般包括文丘里管（简称文氏管）和脱水器两部分。文丘里洗法的除尘包括雾化、凝聚和脱水三个过程，前两个过程在文氏管内进行，后一个过程在脱水器内进行。文氏管是由收缩管、喉管和扩散管三部分组成。含尘气体进入收缩管，气速逐渐增加，气流的压力逐渐变成动能，进入喉管时，流速达到最大值。水通过喉管周边均匀分布的若干小孔进入，然后在高速气流冲击下被高度雾化。喉管处的高速低压使气流达到饱和状态，同时尘粒表面附着的气膜被冲破，使尘粒被水润湿。因此，在尘粒与水滴或尘粒之间发生激烈的碰撞和凝聚。进入扩散管后，气流速度降低，静压回升，以尘粒为凝结核的凝聚作用加快。凝结有水分的颗粒继续凝聚碰撞，小颗粒凝结成大颗粒，并很容易被脱水气捕集分离，使气体得以净化。因此，要想提高尘粒与水滴的碰撞效率，喉部的气体速度必须较大，在工程上一般保证气速为 50~80m/s，而水的喷射速度应控制在 6m/s。除尘效率还与水气比有关，运行中要保持适当的水气比，以保证高的除尘效率。

由于文丘里洗涤器对细粉尘有很高的除尘效率，而且对高温气体有良好的降温效果。因此，常用于高温烟气的降温和除尘，如炼铁高炉、炼钢电炉烟气以及有色冶炼和化工生产中的各种炉窑烟气的净化方面都常使用。文丘里洗涤器结构简单，体积小，布置灵活，投资费用低，缺点是压力损失大。低阻文丘里除尘器的压力损失为 1500~5000Pa，高阻文丘里除尘器的压力损失为 2000~5000Pa。

文丘里洗涤器示意图如图 4-22 所示。

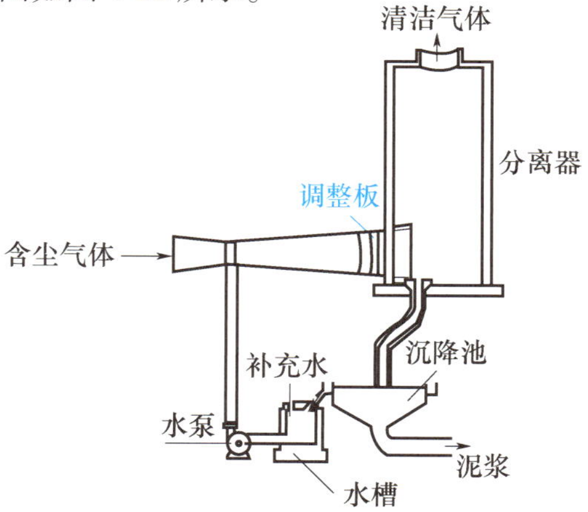

图 4-22　文丘里洗涤器示意图

综合素质培养——提升专业综合素质

引导问题4：练一练

1. 判断正误

湿式除尘器可用于除尘、降温和净化气态污染物。(　　)

2. 单项选择题

关于湿式除尘器，下列说法错误的是（　　）。

A. 在湿式除尘器内不可能进行质量的传递

B. 结构简单，节省投资

C. 在湿式除尘器内部可进行热量的传递

D. 防火、防爆、安全性好

思政融入：环保类专业的学生如何培养自己的家国情怀？

小提示

答案：1. √　　2. A

思政融入：要积极投身于社会实践，深入实际，深入群众，在了解社会的基础上提出真知灼见。弘扬爱国主义精神，最重要的是要始终把祖国和人民放在心上，立足中国，放眼世界，坚持从推动国家发展和创造人民幸福生活的需要出发，不断在为祖国和人民的奉献中实现自己的理想和价值。

专业能力评价——量化考核，综合评价

学生进行自评，评价自己是否能够完成引导问题的学习，是否能全面正确分析企业生产中遇到的案例问题；老师根据学生的纪律性、协作性、实训报告完成情况、知识掌握情况进行评价。

（1）学生根据自己对问题回答情况及素质问题进行自我评价，将评价结果填于表 4-14。

表 4-14　学生自评表

班级：	姓名：	学号：	
情景 2	湿式除尘器控制		
评价项目	评价标准	分值	得分
湿式除尘器的定义	表述准确	10	
湿式除尘器的优、缺点	表述准确	10	
湿式除尘器的除尘原理	表述准确	15	
常见湿式除尘器的结构	表述准确	15	
常见湿式除尘器的性能	表述准确	10	
综合素质	分析全面，表述准确	10	
学习态度	态度端正，无无故迟到、早退现象	5	
协作能力	与小组同学能合作交流，协作完成任务	5	
职业素质	综合能力强，能够从环保角度看待问题	5	
创新意识	有自己独到的见解	15	
合计		100	

（2）以小组为单位，对上述学习内容、结果、态度及队内表现进行互评，将评价结果填于表 4-15。

表 4-15　学生互评表

被评价人：															
评价人：															
评价项目	分值	等级								评价对象					
										1	2	3	4	5	6
团队合作	10	优	10	良	8	中	7	差	5						
案例分析	20	优	20	良	17	中	15	差	10						
组织有序	10	优	10	良	8	中	7	差	5						
团队贡献	20	优	20	良	17	中	15	差	10						
学习态度	10	优	10	良	8	中	7	差	5						
学习能力	10	优	10	良	8	中	7	差	5						
创新意识	20	优	20	良	17	中	15	差	10						
合计	100														

（3）教师对学生工作过程、知识综合利用能力进行评价，并将评价结果填于表 4-16。

表 4-16 教师综合评价表

班级：		姓名：		学号：	
评价教师：					
评价项目		评价标准		分值	得分
考勤（10%）		无无故迟到、早退现象		10	
职业素质（70%）	湿式除尘器的定义	正确说出判断标准名称及功能分区		10	
	湿式除尘器的优、缺点	表述准确		20	
	湿式除尘器的除尘原理	表述准确，熟练掌握		20	
	常见湿式除尘器的结构	表述准确，熟练掌握		10	
	常见湿式除尘器的性能	表述准确，熟练掌握		10	
思政素质（20%）	学习态度	态度端正，认真主动		5	
	协作能力	与小组同学能合作交流，协作完成任务		5	
	安全意识	具有安全意识，按规范操作意识		5	
	职业精神	有良好的职业道德和职业精神		5	
合计				100	
综合得分	自评（40%）	小组互评（30%）	教师评价（30%）	综合得分	

任务3 废气颗粒污染物高效控制

情景1 静电除尘器控制

学习情景描述

通过观看本课程配套网络平台课相关课程资源，了解静电除尘器及基本工作过程，建立静电除尘技术的感性认识，增强专业认知，为深入学习奠定基础。

学习目标

知识目标	技能目标	思政目标
1. 熟悉静电除尘器工作原理和工作过程； 2. 能够分析影响静电除尘器除尘效率的因素的作用原理； 3. 熟悉静电除尘器主要部件的作用及技术要求； 4. 了解行业新技术、新设备	1. 会进行静电除尘器的设计计算； 2. 能够利用专业知识进行设备选型； 3. 能够利用专业知识进行设备的综合设计计算； 4. 理解行业新技术、新设备； 5. 具有较强的查阅资料能力	1. 具有良好的团队合作意识、创新意识； 2. 具有不怕困难，勇于探索的职业精神

任务书

在学习静电除尘器的原理、结构等基础知识基础上，会进行设备选型、会设计静电除器，并进行小组间比较和交流，锻炼创新实践能力、团结协作能力，增强集体荣誉感。

任务分组

表 4-17　学生任务分配表

<table>
<tr><td>班级</td><td></td><td>组号</td><td></td><td>指导老师</td><td></td></tr>
<tr><td>组长</td><td></td><td>学号</td><td></td><td></td><td></td></tr>
<tr><td rowspan="7">组员</td><td colspan="5">
<table>
<tr><td>姓名</td><td>学号</td><td>姓名</td><td>学号</td></tr>
<tr><td></td><td></td><td></td><td></td></tr>
<tr><td></td><td></td><td></td><td></td></tr>
<tr><td></td><td></td><td></td><td></td></tr>
<tr><td></td><td></td><td></td><td></td></tr>
<tr><td></td><td></td><td></td><td></td></tr>
<tr><td></td><td></td><td></td><td></td></tr>
</table>
</td></tr>
<tr><td colspan="6">任务分工</td></tr>
</table>

基础知识巩固——专业内容引入

引导问题 1：带电离子在电场中如何运动？

____

____

专业能力培养——获取专业知识

引导问题 2：静电除尘器工作原理

图 4-23 为静电除尘器除尘过程示意图，据图回答下列问题：

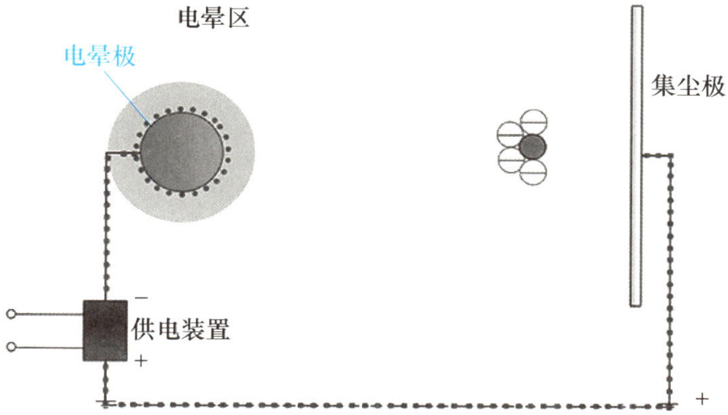

图 4-23　静电除尘器除尘过程示意图

1. 静电除尘器的优缺点是什么？

2. 静电除尘器的工作原理是什么？

3. 简述静电除尘器工作过程。

小提示

静电除尘器的主要优点：压力损失小，一般为 200～500Pa，处理废气量大，可达 $10^5 \sim 10^6 m^3/h$；能耗低，0.2～0.4kW·h/1000m^3；对细粉尘有很高的捕集效率，可高于 99%；可在高温或强腐蚀性气体下操作。

缺点：一次性投资高，安装精度要求高，对粉尘比电阻有一定要求。

静电除尘是在高压电场的作用下，通过电晕放电使含尘气流中的尘粒带电，利用电场力使粉尘从气流中分离出来并沉积在电极上的过程。利用静电除尘的设备称为静电除尘器（ESP），简称电除尘器。

静电除尘器工作有三个基本过程：电晕放电及尘粒荷电—高压直流电晕；带电粒子在电场内迁移和捕集；捕集物从集尘表面上清除——振打除去集尘极上的粉尘层并使其落入灰斗。

引导问题3：静电除尘器除尘效率的影响因素

1. 静电除尘器除尘效率的评价指标是什么？

2. 粉尘比电阻如何影响除尘效率？克服高比电阻影响的方法有哪些？

3. 简述废气特性对除尘效率的影响。

小提示

静电除尘器的评价指标是除尘效率，其计算公式如下：

$$\eta = 1 - \frac{C_2}{C_1} = 1 - \exp\left(-\frac{A\omega}{Q}\right)$$

式中 C_1——静电除尘器进口含尘气体的浓度，g/m^3；

C_2——静电除尘器出口含尘气体的浓度，g/m^3；

A——集尘极总面积，m^2；

Q——含尘气体流量，m^3/s；

ω——尘粒的驱进速度，m/s。

比电阻过高或过低都会大大降低静电除尘器的除尘效率，适宜的范围是从 $10^4 \sim 10^{10}\Omega \cdot cm$。

克服高比电阻影响的方法包括：

（1）保持电极表面尽可能清洁。

（2）采用较好的供电系统。

（3）废气调质：增加废气湿度，或向废气中加入 SO_3、NH_3 及 Na_2CO_3 等化合物，使粒子导电性增加。最常用的化学调质剂是 SO_3。

（4）改变废气温度。

（5）向废气中喷水，同时增加废气湿度和降低温度。

（6）发展新型静电除尘器。

废气特性对除尘效率的影响如下：

（1）气体的温度和湿度

含尘气体的温度对除尘效率的影响主要表现为对粉尘比电阻的影响，随着温度的升高，粉尘的比电阻上升；当 T 小于露点温度时，粉尘结块，黏结在降尘极和电晕极上，难以振落，除尘效率下降；当 T 大于露点温度时，随温度增加，除尘效率提高。

（2）含尘浓度

核电粉尘形成的空间会对电晕极产生屏蔽作用，抑制电晕放电。

电晕阻止效应——随着含尘浓度的提高，电晕电流逐渐减小。当含尘浓度增加到一定数值时，电晕电流为0，称为电晕闭塞，此时静电除尘器失去除尘能力。为防止这种现象，含尘浓度$<20g/m^3$。

（3）断面气流分布

流速低：气流停滞，局部积灰严重，运行电压变低。

流速高：二次扬尘。

（4）其他因素

结构因素：漏风率、二次飞扬等。

清灰：必须通过清灰装置使粉尘剥落下来，以保持高的除尘效率。

火花放电频率：维持火花放电频率，既维持较高的运行电压，又避免火花放电转变成弧光放电，此频率称为最佳火花频率，一般为 30～150 次/min。

引导问题 4：静电除尘器主要部件

1. 常见电晕极的类型有哪些？其特点及应用如何？

2. 集尘极的常见类型有哪些？安装距离多大？

3. 分别说明气流分布板的作用、常见类型及工程安装要求。

4. 简述静电除尘器高压供电设备的工程要求。

小提示

表 4-18　常见电晕极的类型

代号	A	B	C	D	E	F	G
名称	星形线	锯齿线	角钢芒刺线	管状芒刺线	方体芒刺线	管状多刺线	鱼骨线
简图			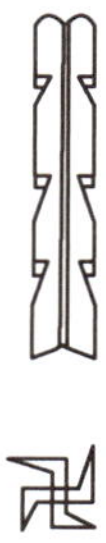		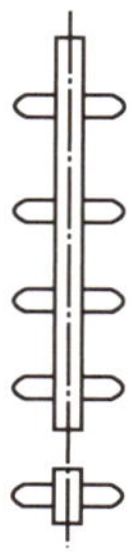	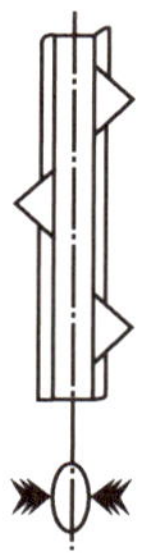	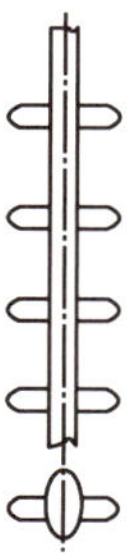

不同电晕线的应用如图 4-24 所示。

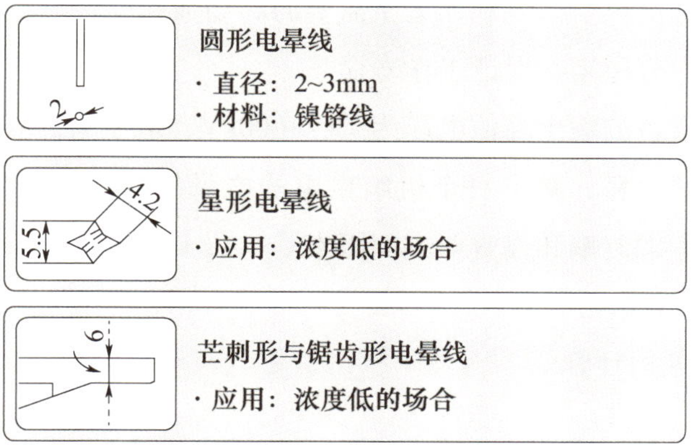

图 4-24　不同电晕线的应用

集尘极的形状结构类型如图 4-25 所示。

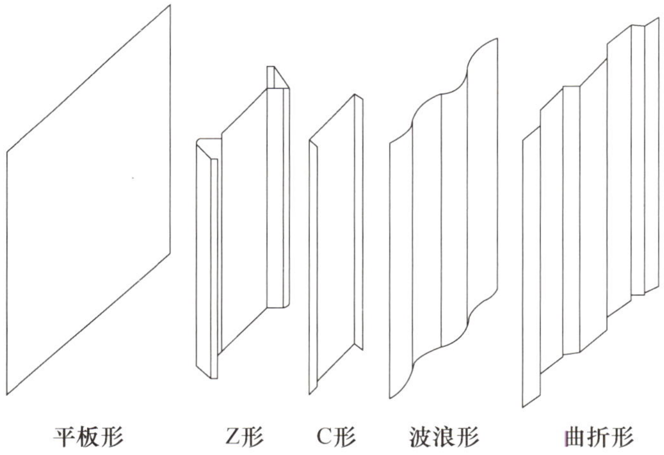

图 4-25　集尘极的形状结构类型

极板之间的间距，对电场性能和除尘效率影响较大。在通常采用的 60~72kV 变压器的情况下，极板间距一般取 200~350mm。

气流分布板：

电除尘器内气流分布对除尘效率具有较大影响；

为保证气流分布均匀，在进出口处应设变径管道，进口变径管内应设气流分布板。

最常见的气流分布板有百叶窗式、多孔板分布格子、槽形钢式和栏杆型分布板。

对气流分布的具体要求是：任何一点的流速不得超过该断面平均流速的 40%；在任何一个测定断面上，85%以上测点的流速与平均流速不得相差 25%。

高压供电设备：

高压供电设备提供粒子荷电和捕集所需要的高场强和电晕电流。

供电设备必须十分稳定，保证工作寿命。

通常高压供电设备的输出峰值电压为70~1000kV，电流为100~2000mA。

增加供电机组的数目，减少每个机组供电的电晕线数，能改善静电除尘器性能，但投资增加。必须考虑效率和投资两方面因素。

引导问题5：静电除尘器的设计计算

1. 集尘极面积如何计算？

2. 电场断面面积如何计算？

3. 集尘室的通道个数如何计算？

4. 电场长度如何计算？

提示

集尘极面积计算公式如下：

$$\eta = 1 - \frac{\rho_2}{\rho_1} = 1 - \exp\left(-\frac{A\omega_p}{Q}\right)$$

$$A = \frac{Q}{\omega_p}\ln\left(\frac{1}{1-\eta}\right)$$

式中 A——集尘极面积，m^2；

Q——处理气体流量，m^3/s；

η——集尘效率；

ω_p——微粒有效驱进速度，m/s。

电场断面面积计算如下：

$$A_e=\frac{Q}{u}$$

式中 A_e——电场断面面积，m^2；

Q——处理气体流量，m^3/s；

u——除尘器断面气流速度，m/s。

集尘室的通道个数计算：

由于每两块集尘极之间为一通道，则集尘室的通道个数 n 可由下式确定：

$$n=\frac{Q}{bhu} \qquad n=\frac{A_e}{bh}$$

式中 b——集尘极间距，m；

h——集尘极高度，m；

Q——气体流量，m^3/s。

电场长度计算：

$$L=\frac{A}{2nH}$$

式中 L——集尘极沿气流方向的长度，m；

H——电场高度，m。

综合素质培养——提升专业综合素质

引导问题6：设备选型

1. 在设备选型中，应着重考虑哪些问题？

____

____

____

____

2. 说明静电除尘器电晕闭塞和反电晕故障产生的原因。

引导问题 7：除尘器设计

进行静电除尘器设计并小组讨论设计的合理性，锻炼创新实践能力、团结协作能力：设计一静电除尘器用来处理石膏粉尘。若处理风量为 $129600m^3/h$，入口含尘浓度为 $3\times10^{-2}kg/m^3$，要求出口含尘浓度降至 $1.5\times10^{-5}kg/m^3$。试计算该除尘器所需极板面积、电场断面面积、通道数和电场长度（石膏粉尘的有效驱进速度为 0.18m/s）。

小提示

电除尘器的型式和配置需根据处理含尘气体的性质及处理要求决定，其中最重要的因素是粉尘比电阻。

如果粉尘的比电阻适中（$10^5\sim10^{10}\Omega\cdot cm$），则采用普通干式除尘器。对于比电阻高的粉尘，宜采用宽极距型和高温电除尘器，如仍然采用普通型电除尘器，则应在含尘气体中加入适量的调理剂（如 NH_3、H_2O 等），以降低粉尘的比电阻。

对于比电阻低的粉尘，由于在电场中产生跳跃，一般的干式电除尘器难以捕集，可以在电除尘器后加一个旋风除尘器或过滤式除尘器。

沉积在集尘极表面的高比电阻粒子导致在低电压下发生火花放电或在集尘极发生反电晕现象，通常当高比电阻高于 $2\times10^{10}\Omega\cdot cm$ 时，较易发生火花放电或反电晕，破坏正常电晕过程。

气流中微小粒子的浓度高时，荷电尘粒所形成的电晕电流不大，可是所形成的空间电荷却很大，严重抑制着电晕电流的产生，使尘粒不能获得足够的电荷。当含尘量大到某一数值时，电晕现象消失，尘粒在电场中根本得不到电荷，电晕电流几乎减小到0，失去除尘作用，即电晕闭塞。

静电除尘设计计算：根据石膏粉尘的有效驱进速度为0.18m/s

处理风量为：$Q=\frac{129600}{3600}=36\ (m^3/s)$

除尘效率为：$\eta=\left(1-\frac{\rho_1}{\rho_2}\right)\times100\%=\left(1-\frac{1.5\times10^{-5}}{3\times10^{-2}}\right)\times100\%=99.95\%$

极板面积：$A=\frac{Q}{\omega_p}\ln\left(\frac{1}{1-\eta}\right)=\frac{36}{0.18}\ln\left(\frac{1}{1-99.95\%}\right)=1520\ (m^2)$

取电场风速$u=1.0m/s$，则电场断面面积为：

$$A_e=\frac{Q}{u}=\frac{36}{1.0}=36\ (m^2)$$

取通道宽300mm，高$h=6m$，则通道数为：$n=\frac{A_e}{bh}=\frac{36}{0.3\times6}=20$

电场长度为：$L=\frac{A}{2hn}=\frac{1520}{2\times20\times6}=6.33\ (m)$

专业能力评价——量化考核，综合评价

学生进行自评，评价自己是否能够完成引导问题的学习，是否能全面正确分析企业生产中遇到的案例问题；老师根据学生的纪律性、协作性、实训报告完成情况、知识掌握情况进行评价。

(1) 学生根据自己对问题回答情况及素质问题进行自我评价，将评价结果填于表4-19。

表4-19　学生自评表

班级：	姓名：　　　　　　学号：		
情景1	静电除尘器控制		
评价项目	评价标准	分值	得分
带电离子在电场中运动	表述正确	5	
静电除尘器工作原理	表述正确	5	

续表

评价项目	评价标准	分值	得分
静电除尘器除尘效率的影响因素	表述正确	5	
静电除尘器主要部件	表述正确	10	
静电除尘器的设计计算	表述正确	15	
设备选型	懂原理，会选型	10	
综合设计计算	计算正确，设计合理	20	
综合素质	分析全面，表述准确	5	
学习态度	态度端正，无无故迟到、早退现象	5	
协作能力	与小组同学能合作交流，协作完成任务	5	
职业素质	综合能力强，能够从环保角度看待问题	5	
创新意识	有自己独到的见解	10	
合计		100	

（2）以小组为单位，对上述学习内容、结果、态度及队内表现进行互评，将评价结果填于表 4-20。

表 4-20　学生互评表

<table>
<tr><td colspan="16">被评价人：</td></tr>
<tr><td colspan="16">评价人：</td></tr>
<tr><td rowspan="2">评价项目</td><td rowspan="2">分值</td><td colspan="8" rowspan="2">等级</td><td colspan="6">评价对象</td></tr>
<tr><td>1</td><td>2</td><td>3</td><td>4</td><td>5</td><td>6</td></tr>
<tr><td>团队合作</td><td>20</td><td>优</td><td>20</td><td>良</td><td>17</td><td>中</td><td>15</td><td>差</td><td>10</td><td></td><td></td><td></td><td></td><td></td><td></td></tr>
<tr><td>组织纪律</td><td>10</td><td>优</td><td>10</td><td>良</td><td>8</td><td>中</td><td>7</td><td>差</td><td>5</td><td></td><td></td><td></td><td></td><td></td><td></td></tr>
<tr><td>团队贡献</td><td>20</td><td>优</td><td>20</td><td>良</td><td>17</td><td>中</td><td>15</td><td>差</td><td>10</td><td></td><td></td><td></td><td></td><td></td><td></td></tr>
<tr><td>学习态度</td><td>20</td><td>优</td><td>20</td><td>良</td><td>17</td><td>中</td><td>15</td><td>差</td><td>10</td><td></td><td></td><td></td><td></td><td></td><td></td></tr>
<tr><td>学习能力</td><td>10</td><td>优</td><td>10</td><td>良</td><td>8</td><td>中</td><td>7</td><td>差</td><td>5</td><td></td><td></td><td></td><td></td><td></td><td></td></tr>
<tr><td>创新意识</td><td>20</td><td>优</td><td>20</td><td>良</td><td>17</td><td>中</td><td>15</td><td>差</td><td>10</td><td></td><td></td><td></td><td></td><td></td><td></td></tr>
<tr><td>合计</td><td>100</td><td colspan="8"></td><td></td><td></td><td></td><td></td><td></td><td></td></tr>
</table>

（3）教师对学生工作过程、知识综合利用能力进行评价，并将评价结果填于表 4-21。

表 4-21　教师综合评价表

班级：		姓名：		学号：
评价教师：				
评价项目		评价标准	分值	得分
考勤（10%）		无无故迟到、早退现象	10	
职业素质（45%）	带电离子在电场中运动	正确说出判断标准名称及功能分区	5	
	静电除尘器工作原理	表述正确	5	
	静电除尘器除尘效率的影响因素	表述正确	5	
	静电除尘器主要部分	表述正确	10	
	静电除尘器的设计计算	表述正确	10	
	带电离子在电场中运动	表述正确	5	
	设备选型	懂原理，会选型	5	
思政素质（45%）	学习态度	态度端正，认真主动	5	
	集体荣誉感	有大局观，有集体观念	15	
	协作能力	与小组同学能合作交流，协作完成任务	15	
	创新能力	观点新颖，有独到的见解	10	
合计			100	

综合得分	自评（40%）	小组互评（30%）	教师评价（30%）	综合得分

知识拓展——提升专业综合素质

引导问题 8：新技术新设备

查阅资料了解静电除尘器的新技术、新设备。谈谈你对中国制造的看法？

情景 2　袋式除尘器控制

学习情景描述

某浮法玻璃生产企业废气处理系统采用袋式除尘器进行除尘，属于废气颗粒污染物高效控制办法。为使学生能够适应该系统的运行控制，请通过观看本课程配套网络平台课相关课程资源，初步了解袋式除尘器工作原理、技术性能、技术特点、效率影响因素、清灰输灰方法和常见故障。

学习目标

知识目标	技能目标	思政目标
1. 能独立说出常用除尘器的分类； 2. 能独立说出袋式除尘器的工作原理； 3. 能熟练掌握袋式除尘器的技术性能； 4. 能对比分析袋式除尘器的技术特点； 5. 能分析袋式除尘器除尘效率的影响因素； 6. 能独立说出袋式除尘器清灰系统知识； 7. 能掌握袋式除尘器常见故障	1. 会进行静电除尘器的设计计算； 2. 能够利用专业知识进行设备选型； 3. 能够利用专业知识进行设备的综合设计计算； 4. 理解行业新技术、新设备； 5. 具有较强的查阅资料能力，总结能力和撰写说明书能力	1. 具有良好的团队合作意识、创新意识； 2. 具有不怕困难，勇于探索的职业精神； 3. 能分清对错，具有正义感，具有严格守法意识

任务书

完成袋式除尘器除系统运行控制说明书，介绍袋式除尘器工作原理、技术性能、技术特点、效率影响因素、清灰输灰方法和常见故障。向老师同学做汇报说明。

任务分组

表 4-22 学生任务分配表

<table>
<tr><td>班级</td><td></td><td>组号</td><td></td><td>指导老师</td><td></td></tr>
<tr><td>组长</td><td></td><td>学号</td><td></td><td></td><td></td></tr>
<tr><td>组员</td><td colspan="5"><table>
<tr><td>姓名</td><td>学号</td><td>姓名</td><td>学号</td></tr>
<tr><td></td><td></td><td></td><td></td></tr>
<tr><td></td><td></td><td></td><td></td></tr>
<tr><td></td><td></td><td></td><td></td></tr>
<tr><td></td><td></td><td></td><td></td></tr>
<tr><td></td><td></td><td></td><td></td></tr>
<tr><td></td><td></td><td></td><td></td></tr>
</table></td></tr>
<tr><td colspan="6">任务分工</td></tr>
<tr><td colspan="6"></td></tr>
</table>

获取信息

引导问题 1：常用除尘器有哪些？

小提示

表 4-23　除尘器的分类

类别	作用原理	设备
机械式	惯性力	重力沉降室 旋风除尘器
过滤式	过滤介质捕集	袋式除尘器 颗粒层除尘器
湿式	水流冲洗	水膜除尘器
电除尘	静电力	静电除尘器

引导问题 2：简述袋式除尘器的工作原理及结构组成。

小提示

袋式除尘器的工作原理如图 4-26 所示。

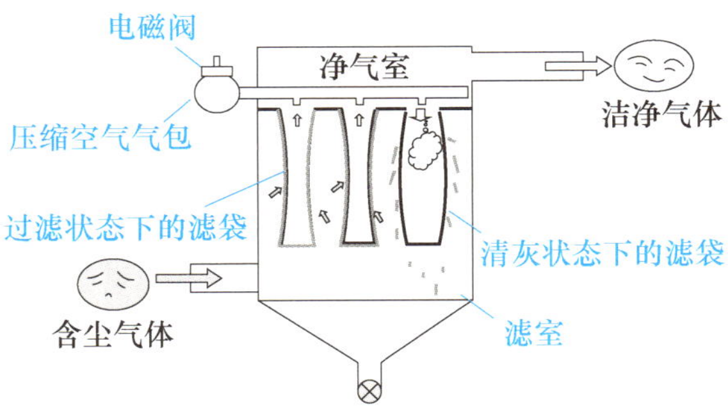

图 4-26　袋式除尘器的工作原理图

袋式除尘器的除尘原理

袋式除尘器的工作原理：

利用离心风机产生负压，将含有灰尘的烟尘吸入除尘器，通过布袋（利用布透气原理，将灰尘颗粒与烟气分离），粉尘被阻留在滤袋的外表面，净化后的气体经过滤袋口后进入清洁室，由出风口排除。

该系统包括进气系统、排气系统、脉冲清灰系统、压缩空气系统、卸灰系统、输灰系统组成。

引导问题3：袋式除尘器的技术性能有哪些？

____

____

____

____

小提示

袋式除尘器的技术性能

袋式除尘器技术性能主要体现在处理风量、出口含尘浓度、设备阻力及滤袋的使用寿命等方面。

（1）处理风量

低压脉冲袋式除尘器能处理较大风量的粉尘，从而减少过滤面积，使设备小型化，节省投资。在满足除尘对象的情况下，可根据清灰方式、粉尘性质、滤袋材质等确定适宜的过滤风速。

（2）出口含尘浓度

低压脉冲袋式除尘器具有较高的除尘效率，出口含尘浓度完全能满足国家规定的排放标准，甚至可达到10mg/m^{3}以下。

（3）设备阻力

除尘器的阻力ΔP是与风机的功率成正比，这是与风机能耗有直接关系的指标，涉及除尘系统的运行费用问题。除尘器的阻力与装置结构、滤料种类、粉尘性质、清灰方式、过滤风速、气体温度、温度等诸多因素有关。

（4）滤袋的使用寿命

引导问题 4：袋式除尘器的技术特点有哪些？

小提示

袋式除尘器的技术特点

1. 清灰能力强

清灰时滤袋表面获得的加速度远远大于其他类型的袋式除尘器，清灰均匀，效果好。

2. 过滤负荷高

因有强力清灰的保障，即使除尘器在较高的过滤风速下运行，其阻力也不会过高，一般为 1200~1500Pa，与反吹风除尘器相比，同等过滤面积，脉冲袋式除尘器有更大的处理风量。

3. 检查和更换滤袋方便

滤袋的安装和换袋方便，无须绑扎。操作人员无须进入箱体内部，操作环境好。

4. 设备造价低

由于过滤负荷高，处理相同烟气量所需过滤面积小于反吹风袋式除尘器，因而设备紧凑，占地面积小。

引导问题 5：袋式除尘器除尘效率的影响因素有哪些？

小提示

袋式除尘器除尘效率的影响因素

1. 粉尘负荷 m

单位面积滤布上的积尘量（kg/m^2）。

m 增大时，除尘效率提高，但滤布的积尘量太大，除尘效率反而降低，压损增大，气体处理量减小。

2. 过滤风速

烟气实际体积流量与滤布面积之比，也称气布比。

过滤速度是一个重要的技术经济指标。选用高的过滤速度，所需要的滤布面积小，除尘器体积、占地面积和一次投资等都会减小，但除尘器的压力损失却会加大。

一般来讲，除尘效率随过滤速度增加而下降。

过滤速度的选取还与滤料种类和清灰方式有关。

3. 袋式除尘器滤袋的影响

新鲜滤料的除尘效率较低。

粉尘初层形成后，成为袋式除尘器的主要过滤层，提高了除尘效率。

随着粉尘在滤袋上积聚，滤袋两侧的压力差增大，会把已附在滤料上的细小粉尘挤压过去，使除尘效率下降。

除尘器压力过高，还会使除尘系统的处理气体量显著下降，因此除尘器阻力达到一定数值后，要及时清灰。

清灰不应破坏粉尘初层。

4. 滤布及粉尘层的影响

积尘厚度的影响：对于效率而言：积尘后>正常工作>振打后>清洁滤料。

清洁滤料的影响。

粒径大小：$d_p = 0.3\mu m$ 的粒子效率较低。因为恰是惯性与拦截捕集作用的下限，扩散的上限。

5. 滤布结构和性能的影响

滤布结构与性质不同，效率也不同。绒布的效率大于素布的效率；长绒的效率大于短绒的效率。

过滤速度的选择因气体性质和所要求的除尘效率不同而不同。一般选用范围为 0.6~1.0m/min。提高过滤风速可以减少过滤面积，提高滤料的处理能力。但风速过高会把滤袋上的粉尘压实，使阻力加大，同时由于挤压作用，会使细微粉尘透过滤料，而使除尘效率下降。风速低，阻力也低，除尘效率高，但处理量下降。

引导问题 6：袋式除尘器清灰方式有哪几种？

小提示

清灰方式：

1. 机械振动清灰

优点：工作性能稳定，清灰效果较好。

缺点：滤袋常受机械力作用，损坏较快，滤袋检修与更换工作量大。

2. 逆气流清灰

这种清灰方式的除尘器结构简单，清灰效果好，滤袋磨损少，特别适用于粉尘黏性小、玻璃纤维滤袋的情况。

3. 脉冲喷吹清灰

利用 4~7atm 的压缩空气反吹，压缩空气的脉冲产生冲击波，使滤袋振动，粉尘层脱落。

随着滤袋表面粉尘不断增加，除尘器进出口压差也随之上升。当除尘器阻力达到设定值时，控制系统发出清灰指令，清灰系统开始工作。

首先电磁阀接到信号后立即开启，使小膜片上部气室的压缩空气被排放，由于小膜片两端受力的改变，使被小膜片关闭的排气通道开启，大膜片上部气室的压缩空气由此通道排出，大膜片两端受力改变，使大膜片动作，将关闭的输出口打开，气包内的压缩空气经由输出管和喷吹管喷入袋内，实现清灰。

当控制信号停止后，电磁阀关闭，小膜片、大膜片相继复位，喷吹停止。

引导问题 7：袋式除尘器常见故障有哪些？

小提示

1. 压差偏高原因

因气温突变致箱体结露、滤袋黏结；脉冲压力过低或喷吹阀脱节漏气及弹簧膜片老化；多个箱体提升阀关闭未正常工作或部分箱体回仓灰位过高影响进风；脉冲管安装不正或偏移致脉冲效果不理想；处理负荷及系统阻力过大。

2. 压差偏低原因

喷吹压力过高、喷吹频次过多致滤袋破损、脱落；滤袋安装不严密或净气箱焊接缺陷致气流短路。

3. 电磁阀、继电器的故障处理

故障现象：控制系统运行正常，电磁阀或继电器无动作导致气动阀无动作或动作异常。

处理方法：更换继电器，如仍有故障，拆下电磁阀，拆开电磁头，检查是否发热，拆开电磁阀芯，清洗并加注润滑油，重新装配，如仍故障予以更换。

素质培养——提升专业综合素质

引导问题 8：完成袋式除尘器系统运行控制说明书，介绍袋式除尘器工作原理、技术性能、技术特点、效率影响因素、清灰方法和常见故障，能分析解决生产实际问题。

知识拓展——提升专业综合素质

引导问题 9：查阅《玻璃制造业污染防治可行技术指南》，给出两种玻璃窑炉废气治理的可行技术方案。

小提示

三种除尘技术路线流程图如图 4-27～图 4-29 所示。

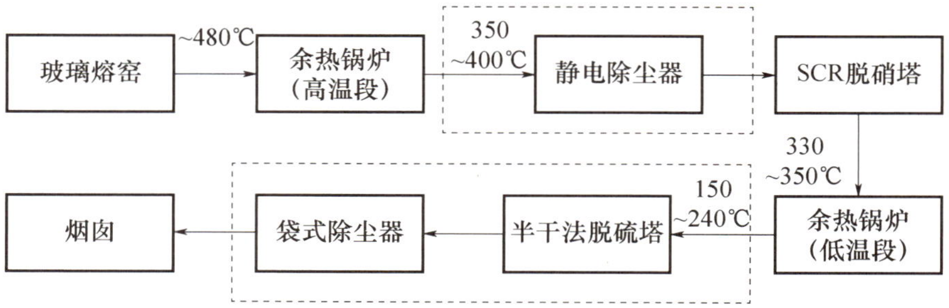

图 4-27　静电除尘+SCR 脱硝+半干法脱硫+袋式除尘技术路线流程图

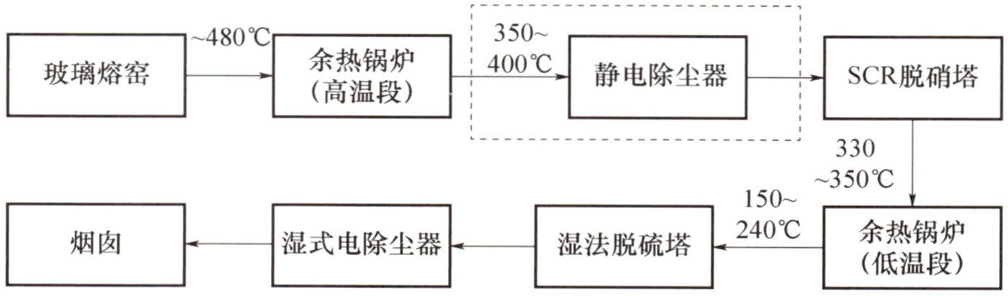

图 4-28　静电除尘+SCR 脱硝+湿法脱硫+湿式电除尘技术路线流程图

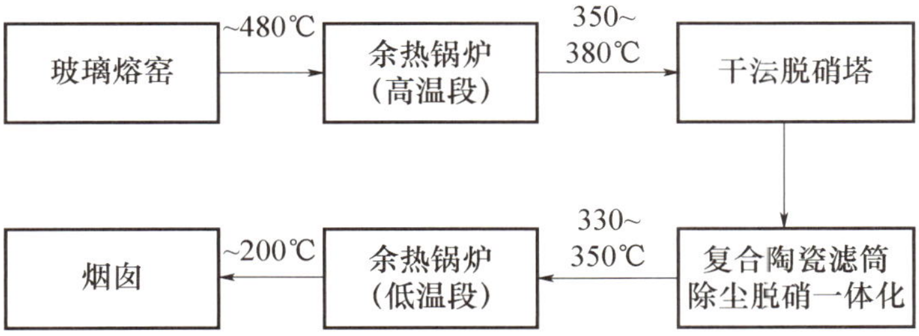

图 4-29　干法脱硫+复合陶瓷滤筒除尘脱硝一体化技术路线流程图

思政融入：在废气治理过程中，应遵守相关法律法规、技术规范等，在综合考虑治理效果和成本的基础上，选择使用最佳或最优可行技术，确保污染物的稳定达标排放。

专业能力评价——量化考核，综合评价

（1）学生根据自己对问题回答情况及素质问题进行自我评价，将评价结果填于表 4-24。

表 4-24　学生自评表

班级：	姓名：	学号：	
情景 2	袋式除尘器控制		
评价项目	评价标准	分值	得分
袋式除尘器工作原理	表述正确	10	
袋式除尘器技术性能	表述准确	10	
袋式除尘器技术特点	表述准确	15	
效率影响因素	表述准确	10	
清灰方法和常见故障	表述准确	15	
综合素质	分析全面，表述准确	10	
学习态度	态度端正，无无故迟到、早退现象	5	
协作能力	与小组同学能合作交流，协作完成任务	5	
守法意识	能分清对错、具有守法意识	5	
创新意识	有自己独到的见解	15	
合计		100	

（2）以小组为单位，对上述学习内容、结果、态度及队内表现进行互评，将评价结果填于表 4-25。

表 4-25　学生互评表

<table>
<tr><td colspan="15">被评价人：</td></tr>
<tr><td colspan="15">评价人：</td></tr>
<tr><td rowspan="2">评价项目</td><td rowspan="2">分值</td><td colspan="7" rowspan="2">等级</td><td colspan="6">评价对象</td></tr>
<tr><td>1</td><td>2</td><td>3</td><td>4</td><td>5</td><td>6</td></tr>
<tr><td>团队合作</td><td>20</td><td>优</td><td>20</td><td>良</td><td>17</td><td>中</td><td>15</td><td>差</td><td>10</td><td></td><td></td><td></td><td></td><td></td><td></td></tr>
<tr><td>组织纪律</td><td>10</td><td>优</td><td>10</td><td>良</td><td>8</td><td>中</td><td>7</td><td>差</td><td>5</td><td></td><td></td><td></td><td></td><td></td><td></td></tr>
<tr><td>团队贡献</td><td>20</td><td>优</td><td>20</td><td>良</td><td>17</td><td>中</td><td>15</td><td>差</td><td>10</td><td></td><td></td><td></td><td></td><td></td><td></td></tr>
<tr><td>学习态度</td><td>20</td><td>优</td><td>20</td><td>良</td><td>17</td><td>中</td><td>15</td><td>差</td><td>10</td><td></td><td></td><td></td><td></td><td></td><td></td></tr>
<tr><td>学习能力</td><td>10</td><td>优</td><td>10</td><td>良</td><td>8</td><td>中</td><td>7</td><td>差</td><td>5</td><td></td><td></td><td></td><td></td><td></td><td></td></tr>
<tr><td>创新意识</td><td>10</td><td>优</td><td>10</td><td>良</td><td>8</td><td>中</td><td>7</td><td>差</td><td>5</td><td></td><td></td><td></td><td></td><td></td><td></td></tr>
<tr><td>守法意识</td><td>10</td><td>优</td><td>10</td><td>良</td><td>8</td><td>中</td><td>7</td><td>差</td><td>5</td><td></td><td></td><td></td><td></td><td></td><td></td></tr>
<tr><td>合计</td><td>100</td><td colspan="8"></td><td></td><td></td><td></td><td></td><td></td><td></td></tr>
</table>

（3）教师对学生工作过程、知识综合利用能力进行评价，并将评价结果填于表 4-26。

表 4-26　教师综合评价表

<table>
<tr><td colspan="2">班级：</td><td>姓名：</td><td colspan="3">学号：</td></tr>
<tr><td colspan="6">评价教师：</td></tr>
<tr><td colspan="2">评价项目</td><td colspan="2">评价标准</td><td>分值</td><td>得分</td></tr>
<tr><td colspan="2">考勤（10%）</td><td colspan="2">无无故迟到、早退现象</td><td>10</td><td></td></tr>
<tr><td rowspan="5">职业素质（50%）</td><td>袋式除尘器工作原理</td><td colspan="2">正确说出原理及结构组成</td><td>10</td><td></td></tr>
<tr><td>袋式除尘器技术性能</td><td colspan="2">表述准确</td><td>10</td><td></td></tr>
<tr><td>袋式除尘器技术特点</td><td colspan="2">表述准确，熟练掌握</td><td>10</td><td></td></tr>
<tr><td>效率影响因素</td><td colspan="2">表述准确，熟练掌握</td><td>10</td><td></td></tr>
<tr><td>清灰方法和常见故障</td><td colspan="2">表述准确，熟练掌握</td><td>10</td><td></td></tr>
<tr><td rowspan="5">思政素质（40%）</td><td>学习态度</td><td colspan="2">态度端正，认真主动</td><td>10</td><td></td></tr>
<tr><td>守法意识</td><td colspan="2">能分清对错，具有守法意识</td><td>10</td><td></td></tr>
<tr><td>协作能力</td><td colspan="2">与小组同学能合作交流，协作完成任务</td><td>5</td><td></td></tr>
<tr><td>责任意识</td><td colspan="2">专业知识扎实，环保意识强，责任感强</td><td>5</td><td></td></tr>
<tr><td>创新意识</td><td colspan="2">观点新颖，有独到的见解</td><td>10</td><td></td></tr>
<tr><td colspan="4">合计</td><td>100</td><td></td></tr>
<tr><td rowspan="2">综合得分</td><td>自评（40%）</td><td>小组互评（30%）</td><td>教师评价（30%）</td><td colspan="2">综合得分</td></tr>
<tr><td></td><td></td><td></td><td colspan="2"></td></tr>
</table>

任务学习成果检验
电除尘器非正常运行故障排除

项目导读

本模块主要学习了低效除尘器、中效除尘器、高效除尘器的工作原理、控制参数及相关设计，通过学习能够从工艺、设备等方面排除故障，维护设备正常运行。

学习目标

知识目标	1. 熟悉低、中、高效除尘器的工作原理； 2. 熟悉低、中、高效除尘器的工作效率影响因素； 3. 熟悉低、中、高效除尘器的基本组成及作用
能力/技能目标	1. 会根据除尘器的工作效率要求，合理调整废气参数； 2. 会根据运行异常，判断故障，解决故障
素养目标	在工作中需要高度的细心和耐心，具备对生产的预判能力，并具有安全意识和环保意识

学习成果

为了有效提升你对污染物达标排放控制，有目标、有重点地学习、研究和应用实践，实现本项目的学习目标，特设计了本学习任务，期望你能按时、高质量地完成。

学习成果名称：电除尘器非正常运行故障排除。

一、根据故障，进行原因分析，提出解决措施

序号	故障现象	产生故障原因	解决措施
1	二次工作电流大，二次电压升不高，甚至接近于零		
2	一、二次电流不稳定，毫安表指针急剧摆动		

续表

序号	故障现象	产生故障原因	解决措施
3	高压设备跳闸		
4	工作时发生周期性击穿现象		
5	电流、电压无显著变化，但收尘效果恶化		
6	电收尘器出口温度高于进口温度防御爆顶盖或防御爆阀冲开		
7	极板、极线锈蚀变形		

二、学习成果评价要求

评价按照：

优秀（85 分以上）

合格（70～84 分）

不合格（低于 70 分）

评价要求（共 100 分）	优秀（分）	合格（分）	不合格（分）	评分
内容完成 30	完整齐全正确 28～30	基本齐全 24～28	问题明显<24	
原因分析全面 20	较全面 18～20	基本全面 15～18	不够全面<15	
措施合理 30	较合理 28～30	基本合理 24～28	不够合理<15	
按时完成 20	按时完成 18～20	延迟 2 日或 8 小时以内 15～18	延迟 2 日或 8 小时以上<15	
合计				

模块 5

气态污染物净化治理

任务 1　废气脱硫净化治理

情景 1　湿法净化治理

学习情景描述

通过观看本课程配套网络平台课相关课程资源，了解大气污染治理的重要性，建立废气脱硫的感性认识，增强专业认知，激发学习动力，为深入学习奠定基础。

学习目标

知识目标	技能目标	思政目标
1. 了解二氧化硫的基本性质； 2. 了解二氧化硫的净化方法； 3. 掌握石灰石/石灰-石膏法废气脱硫净化原理； 4. 掌握石灰石/石灰-石膏法废气脱硫系统组成、浆液制备与供给、废气系统、石膏脱水制备系统控制要求； 5. 掌握石灰石/石灰-石膏法废气脱硫技术参数控制； 6. 掌握石灰石/石灰-石膏法废气脱硫工艺结垢处理措施	1. 根据石灰石-石膏法、石灰-石膏法脱硫治理方法的异同，废气的特点，净化要求从技术和经济两方面考虑，能够正确选择净化方法； 2. 能够正确处理脱硫系统结垢问题	1. 具有良好的团队合作意识、创新意识； 2. 具有较强的组织纪律性； 3. 能分清对错，具有正义感，具有严格守法意识

任务书

通过灵活运用石灰石/石灰-石膏法废气脱硫净化原理、脱硫流程、控制参数、故障处理等相关专业知识，能够解决实际生产中的结垢、效率下降等生产实践问题。

任务分组

表 5-1　学生任务分配表

<table>
<tr><td>班级</td><td></td><td>组号</td><td></td><td>指导老师</td><td></td></tr>
<tr><td>组长</td><td></td><td>学号</td><td></td><td></td><td></td></tr>
<tr><td>组员</td><td colspan="5">
<table>
<tr><td>姓名</td><td>学号</td><td>姓名</td><td>学号</td></tr>
<tr><td></td><td></td><td></td><td></td></tr>
<tr><td></td><td></td><td></td><td></td></tr>
<tr><td></td><td></td><td></td><td></td></tr>
<tr><td></td><td></td><td></td><td></td></tr>
<tr><td></td><td></td><td></td><td></td></tr>
<tr><td></td><td></td><td></td><td></td></tr>
</table>
</td></tr>
<tr><td colspan="6">任务分工

</td></tr>
</table>

基础知识巩固——专业内容引入

引导问题 1：二氧化硫的基本性质

1. 二氧化硫属于酸性气体还是碱性气体？

____

____

____

2. 什么是发烟硫酸？发烟硫酸挥发出的物质与工业窑炉中产生的硫化物成分一样吗？

小提示

二氧化硫属于酸性气体，溶于水形成亚硫酸。

发烟硫酸挥发出的物质主要是三氧化硫，工业窑炉产生的废气中主要的硫氧化物是二氧化硫。

专业能力培养——获取专业知识

引导问题 2：二氧化硫的净化方法

1. 玻璃窑炉废气二氧化硫的来源有哪些？

2. 玻璃窑炉废气二氧化硫的控制措施有哪些？

3. 废气脱硫简称什么？废气脱硫技术分类有哪些？

4. 湿法废气脱硫的优缺点是什么？

小提示

二氧化硫（SO_2）的产生来源包括：燃料燃烧，特别是煤燃烧；产品生产过程中原料的带入等。

控制 SO_2 排放可通过使用无硫、低硫燃料、燃烧前脱硫、燃烧过程固硫和燃烧后脱硫（即废气脱硫）等途径实现。其中，废气脱硫是控制 SO_2 排放的最后一道屏障，也是控制 SO_2 排放的主要手段。

废气脱硫简称 FGD，根据脱硫产物是否回收利用，可将废气脱硫方法分为抛弃法和回收法。前者脱硫产物作为固体废物抛弃，后者则回收硫资源。根据脱硫过程是否加入液体和脱硫产物的干湿形态，可将废气脱硫方法分为湿法、半干法和干法（图 5-1）。

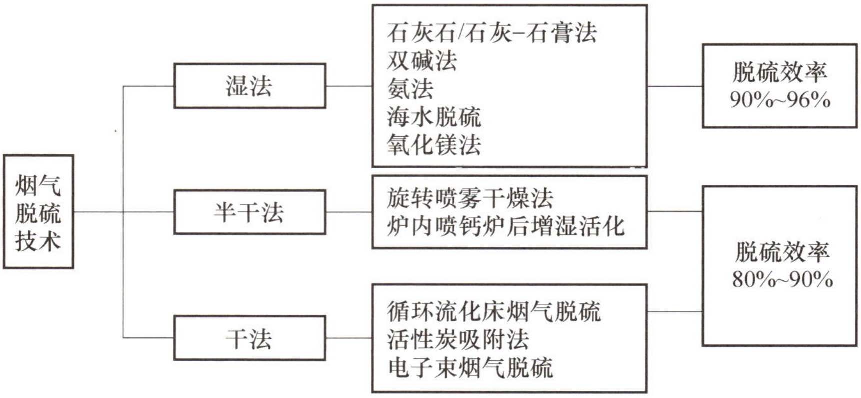

图 5-1　烟气脱硫技术

湿法废气脱硫工艺原理：使用石灰石、石灰或碳酸钠等浆液作为洗涤剂，在吸收塔内对废气进行洗涤，从而除去废气中的 SO_2。

优点：

脱硫效率高，有的装置在 Ca/S 约等于 1 时，脱硫效率大于 90%；

吸收剂利用率高，可超过 90%；

煤种适应性强，副产品易于回收；

设备运转率高，已达 90%以上。

缺点：

基建投资大（占电厂投资的 11%~18%）；

运行费用高（占电厂总运行费用的 8%~18%）。

引导问题 3：石灰石/石灰-石膏法废气脱硫净化原理（图 5-2）

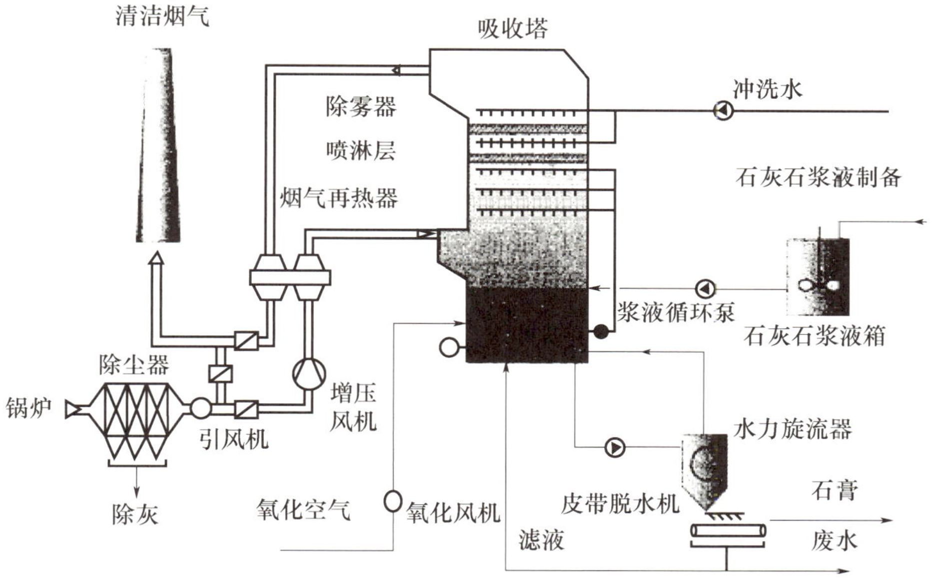

图 5-2　石灰石/石灰-石膏法废气脱硫净化原理

1. 简述石灰石/石灰-石膏法废气脱硫反应机理。

2. 石灰石/石灰-石膏法废气脱硫技术关键是什么？

小提示

石灰石/石灰-石膏法废气脱硫原理：废气用石灰石/石灰浆液洗涤，SO_2 与浆液中的物质发生化学反应生成亚硫酸盐和硫酸盐，新鲜浆液石灰石/石灰浆液不断加入到脱硫液的循环回路。浆液中的固体（包括燃煤飞灰）连续地从浆液中分离出来并排往沉淀池。

具体反应机理如表 5-2 所示。

表 5-2　具体反应机理

脱硫剂	石灰石	石灰
主要反应	$SO_2(g)+H_2O \longrightarrow H_2SO_3$ $H_2SO_3 \longrightarrow H^++HSO_3^-$ $H^++CaCO_3 \longrightarrow Ca^{2+}+HCO_3^-$ $Ca^{2+}+HSO_3^-+2H_2O \longrightarrow CaSO_3 \cdot 2H_2O+H^+$ $H^++HCO_3^- \longrightarrow H_2CO_3$ $H_2CO_3 \longrightarrow CO_2+H_2O$	$SO_2(g)+H_2O \longrightarrow H_2SO_3$ $H_2SO_3 \longrightarrow H^++HSO_3^-$ $CaO+H_2O \longrightarrow Ca(OH)_2$ $Ca(OH)_2 \longrightarrow Ca^{2+}+2OH^-$ $Ca^{2+}+HSO_3^-+2H_2O \longrightarrow CaSO_3 \cdot 2H_2O+H^+$ $2H^++2OH^- \longrightarrow 2H_2O$
总反应	$CaCO_3+SO_2+2H_2O \longrightarrow CaSO_3 \cdot 2H_2O+CO_2$	$CaO+SO_2+2H_2O \longrightarrow CaSO_3 \cdot 2H_2O$

最关键的化学反应是 Ca^{2+} 的形成，因为 SO_2 正是通过 Ca^{2+} 与 HSO_3^- 化合而得以从溶液中除去。这一关键步骤也突出了石灰石/石灰系统的一个极为重要的区别：

石灰石系统中，Ca^{2+} 的产生仅与 H^+ 的浓度和 $CaCO_3$ 的存在有关。

石灰系统中，Ca^{2+} 的产生仅与 CaO 的存在有关。石灰石系统在运行时 pH 较石灰系统的低。

引导问题 4：石灰石/石灰-石膏法废气脱硫流程

1. 石灰石-石膏法废气脱硫系统包括哪几部分？

____

____

____

2. 石灰石浆液制备与供给系统

（1）石灰石浆液制备与供给系统组成有哪些？

____

____

____

（2）石灰石浆液制备系统组成有哪些？

（3）图5-3所示为湿法石灰石制浆系统工艺流程图，根据流程图简述制浆过程。

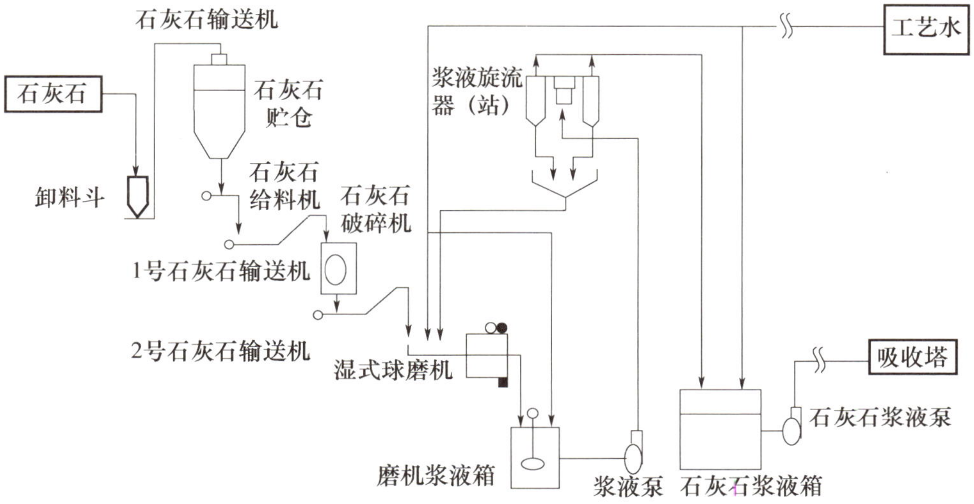

图5-3　湿法石灰石制浆系统工艺流程图

（4）图5-4所示为干式制粉系统工艺流程图，根据流程图简述工艺特点。

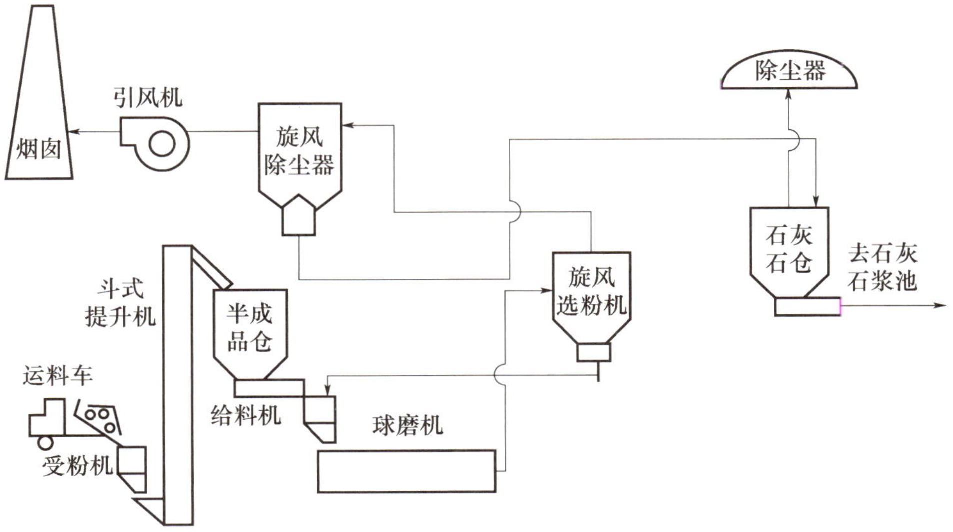

图5-4　干式制粉系统工艺流程图

（5）根据湿法石灰石制浆系统工艺流程图，简述石灰石浆液供给系统工作过程。

小提示

石灰石-石膏法废气脱硫系统主要包括石灰石浆液制备与供给系统、SO_2 吸收及氧化系统、废气系统、脱硫副产物处理系统和脱硫废水处理系统等。

石灰石浆液制备与供给系统组成包括石灰石浆液制备系统和石灰石浆液供给系统。其中，石灰石粉制备可根据工程实施条件，采用在厂内或厂外两种方式进行。

浆液制备系统组成如图 5-5 所示。

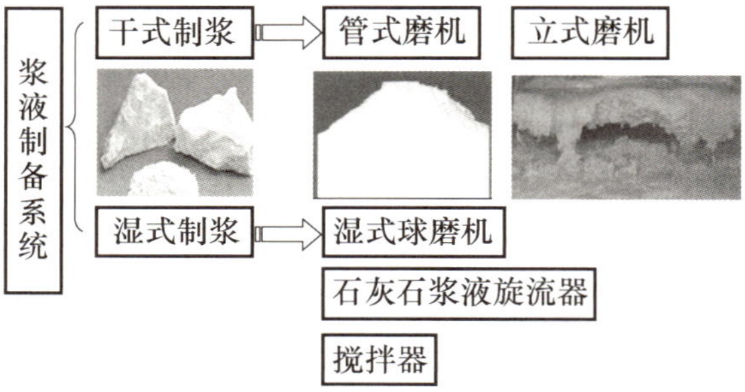

图 5-5　浆液制备系统组成

湿法石灰石制浆系统主要由石灰石卸料斗、斗式提升机、石灰石输送机、石灰石储仓、皮带称重给料机、石灰石破碎机、湿式球磨机、磨机再循环箱及浆液泵，石灰石浆液旋流器（站）、石灰石浆液箱、石灰石浆液泵及搅拌器、管道及阀门等设备组成。经破碎的粒度小于 10mm 的石料首先送入湿式球磨机，并根据给料量加入合适比例的真空皮带过滤水。在磨机钢球的作用下，磨制成含固量为 20%～30% 的石灰石浆液，浆液旋流器的溢流浆液进入石灰石浆液箱，再由石灰石浆液泵将浆液输送到吸收塔。

干式制粉系统工艺：干式石灰石制浆系统需先采用干式球磨机得到合格的石灰石

粉，再制备浆液。与湿式制浆系统的本质区别在于，制粉与制浆不是同步进行的。在干式石灰石制粉工艺中，破碎、筛选得到的石灰石颗粒先进行磨粉、选粉和旋风分离，得到石灰石粉。

石灰石浆液供给系统：通过石灰石浆液泵和管道可将石灰石浆液输送至吸收系统，根据废气负荷、废气入口 SO_2 浓度和 pH 控制送入吸收塔的浆液量，多余的浆液返回制浆池。为了防止结块和堵塞，要使浆液不断地流动循环。

引导问题 5：SO_2 吸收及氧化系统

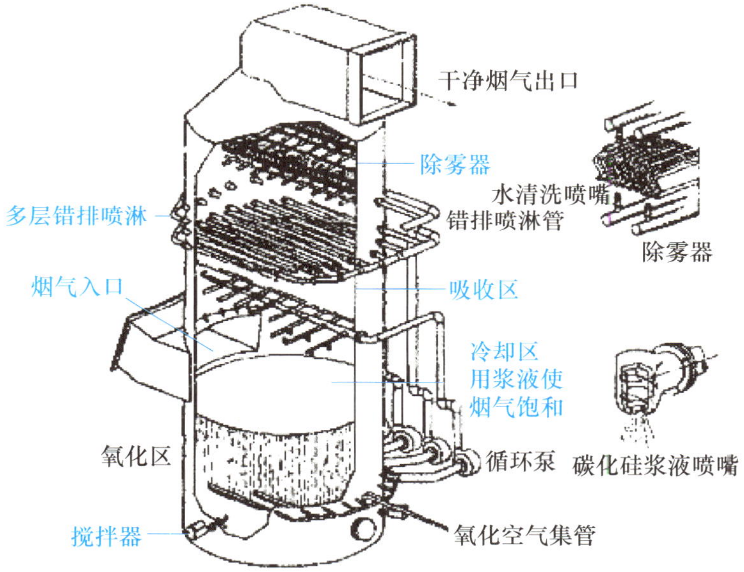

喷淋塔结构示意图

（1）常见吸收塔种类有哪些？湿法脱硫工艺常采用哪种形式的吸收塔？

（2）根据喷淋塔结构示意图，说明喷淋塔内部结构组成。

（3）喷淋塔材料要求有哪些？

(4) 下图为除雾器结构示意图，说明除雾器组成、安装部位及作用。

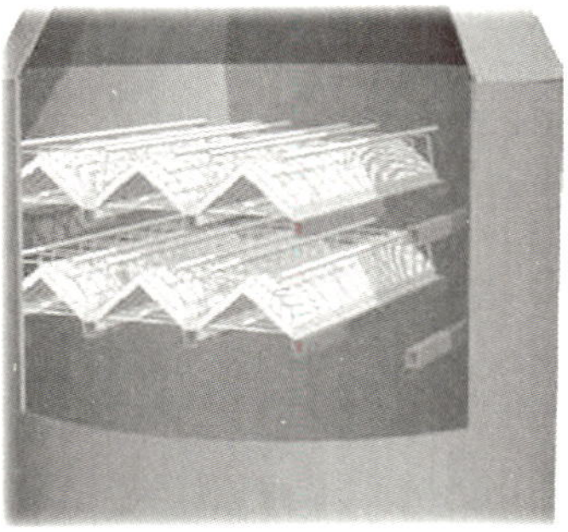

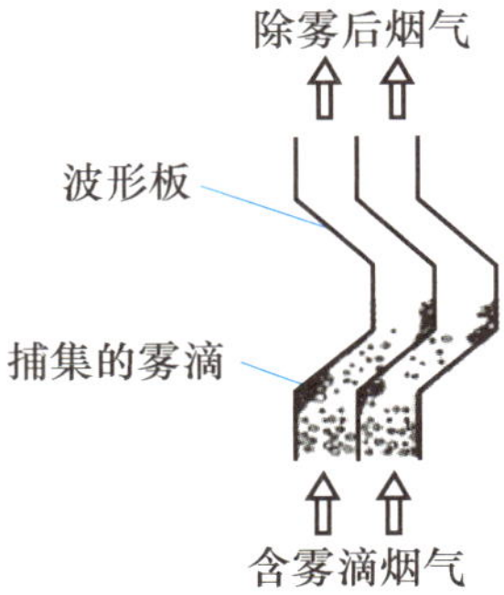

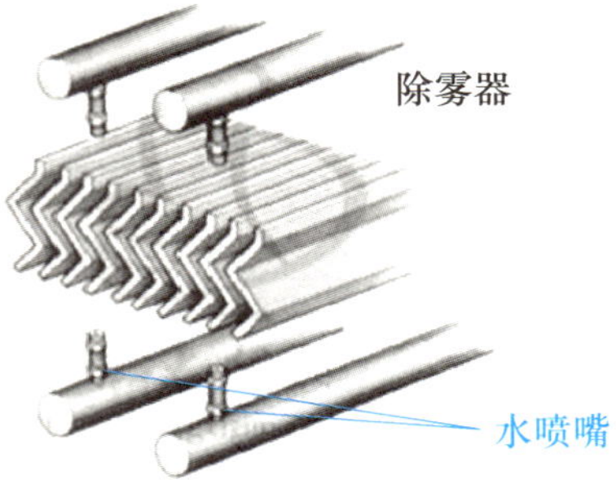

(5) 下图为除雾器常见类型，给出其名称。

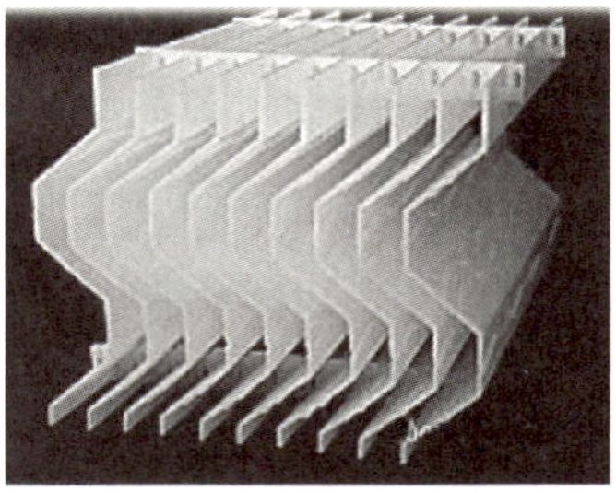

(　　　　　　　　　)

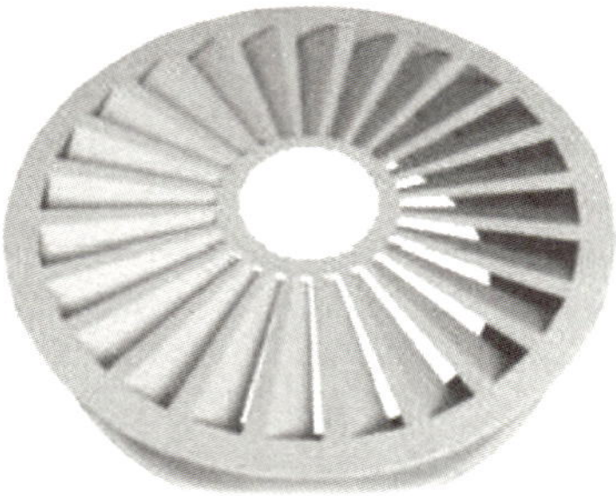

(　　　　　　　　　)

（6）简述喷淋塔氧化槽的功能。

（7）氧化槽氧化风机主要有哪几种？

（8）下图为氧化槽两种供氧装置，写出名称，并说明各自的使用要求。

（　　　　）

（　　　　）

（9）下图为氧化槽浆液搅拌设备，写出设备名称，并说明其作用。

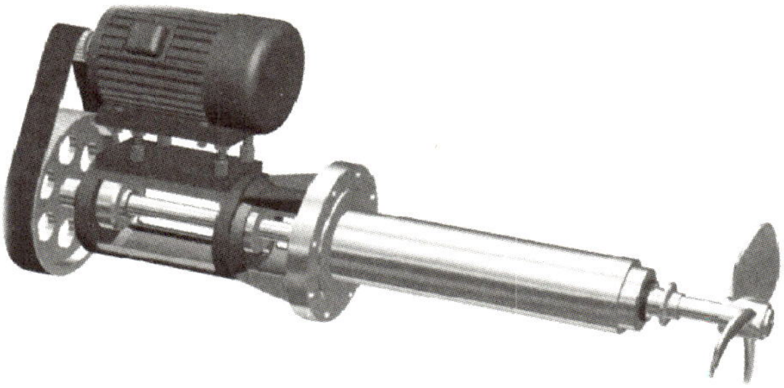

（　　　　）

（10）根据下图，说明循环浆液泵的类型、运行要求及材料构成。

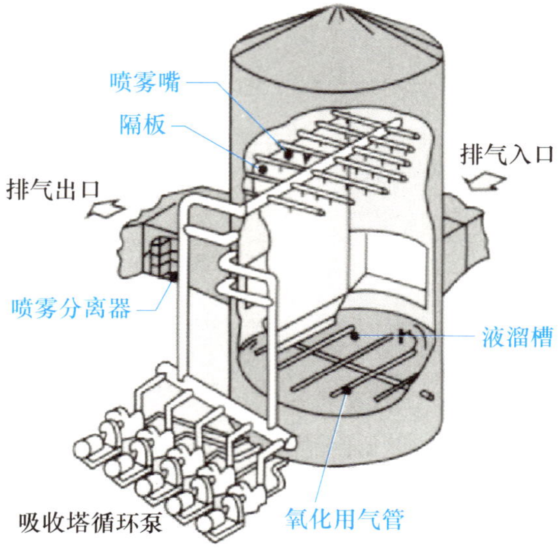

小提示

根据气液接触方式不同，吸收塔主要分为喷淋塔、填料塔、鼓泡塔和液柱塔等。由于喷淋塔结构简单、操作与维护方便、脱硫效率高、适应废气含尘，而且在工程上的应用比较成熟，因此，喷淋塔成为湿法脱硫工艺的主流塔形。

吸收塔结构：吸收塔底部为循环浆液池，上部主要部分为喷淋洗涤区，布置若干层喷嘴，以适应负荷的变化。吸收塔每个循环泵对应于一层喷淋层。废气在喷淋区自下而上流过，废气经洗涤脱硫后通过除雾器，去除洗涤气中的雾粒。最后，由吸收塔顶部排出。为了避免废气和喷淋浆液在接触区形成沉淀，采用工业水定期喷水，清洗吸收塔入口内壁。

吸收塔宜采用钢结构，塔内喷淋层和氧化空气管道采用 FRP 管。吸收塔内壁衬胶或衬树脂鳞片或衬高镍合金板。在吸收塔底板和浆液可能冲刷的位置，应采取防冲刷措施。

喷淋管道用于把浆液均匀分布到各喷嘴，一般采用玻璃钢材质。

除雾器通常装在吸收塔顶部，也可安装在吸收塔后的烟道上，其作用是捕集脱硫后洁净废气中的水分，保护其后的管路及设备不受腐蚀。

除雾器通常由除雾器本体和冲洗系统两部分组成，采用双面冲洗的布置形式。

除雾器主要有折流板除雾器与旋流板除雾器两种。

氧化槽：氧化槽也称浆液池或持液槽，通常位于吸收塔底部，也可在塔外另设氧化塔和氧化池。氧化槽的功能是接收和储存石灰石、溶解石灰石、鼓风氧化亚硫酸盐和石膏的结晶等，是废气脱硫系统中又一个重要的化学反应场所。因此，为了脱硫系统的稳定，要保持氧化槽中具有相对稳定的石灰石浆液浓度、石膏的过饱和度（浓度）和浆液的 pH。

氧化槽氧化风机可采用罗茨风机，也可采用离心风机。

氧化空气进入吸收塔浆液池的形式，一般有氧化曝气管和喷枪两种，喷枪的形式较为简单，一般适用于中、小尺寸的吸收塔；对于直径较大的吸收塔，一般采用氧化曝气管。

为避免吸收塔浆液池内的晶粒沉积，保证氧化空气与亚硫酸盐的充分接触与反应，在吸收塔浆液池内，通常设搅拌器。脱硫搅拌器根据安装位置不同分为侧进式搅拌器和顶进式搅拌器。

每个循环浆液泵与其对应的喷淋层相连接，所以循环浆液泵的数量也取决于废气中 SO_2 浓度。循环浆液泵为卧式离心式泵，入口宜装设滤网等，以防固体物质吸入。浆液循环管道采用法兰连接的碳钢衬胶管或 FRP 管。

引导问题 6：石灰石/石灰-石膏湿法脱硫废气系统

（1）下图为典型石灰石/石灰-石膏法废气脱硫工艺流程图，说明增压风机不同安装位置的优缺点及目前实际生产中采用的安装位置是哪一种。

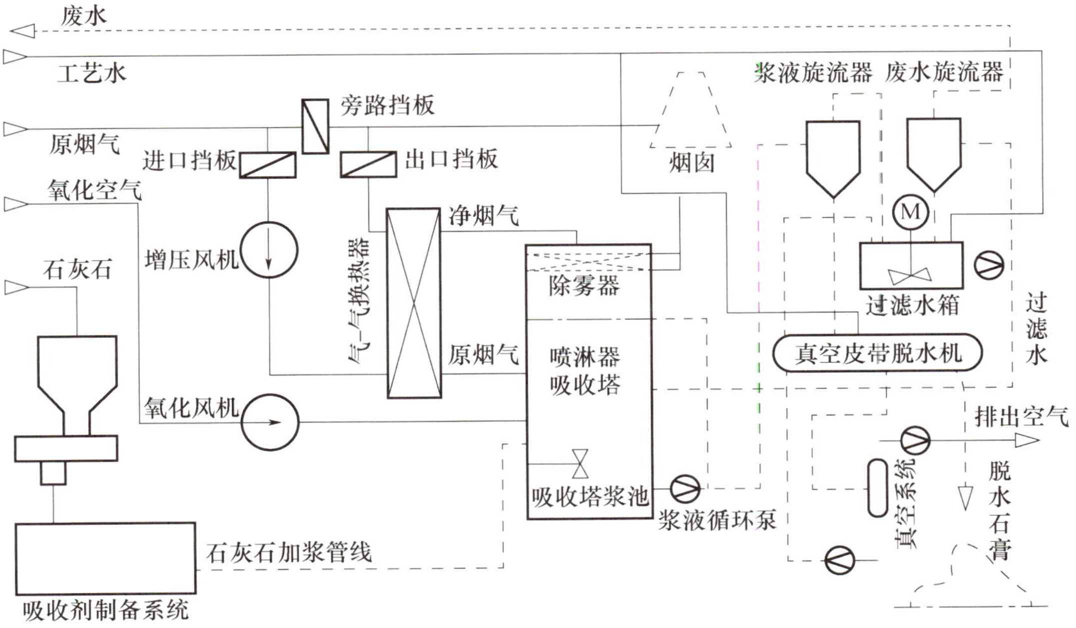

（2）说明目前生产实践中气-气换热器的安装应用状况。

（3）根据典型石灰石/石灰-石膏法废气脱硫工艺流程图，分析挡板门作用。

小提示

增压风机：由于安装了脱硫装置，废气流程增长，原有引风机已不足以满足整个工艺的要求，因而在脱硫系统中必须增设增压风机。在湿法脱硫系统中，增压风机可以有 4 种布置方式：①安装在气-气换热器（GGH）之前的原废气管道上。其优点是废气对风机各部件的玷污程度最小；不足是废气体积流量大，功耗高，而且废气压力增加会加剧 GGH 中的废气泄漏。②安装在脱硫塔前、GGH 后的原废气管路上。其优点是风机不易受腐蚀和玷污，功耗也较低。不过，由于风机对废气做功，使得脱硫塔的进口废气温度过高。③安装在脱硫塔后、GGH 之前的净废气管路上。其优点是废气的体积流量小，功耗低，而且净废气压力的增加有利于抑制原废气的泄漏，风机对净废气的压缩做功转化为热量，提高了净废气的温度。不过，腐蚀与结垢严重，风机的运行可靠性降低，成本剧增，而且脱硫塔内为负压状态，使得衬层有脱落的危险。④安装在 GGH 后的净废气管道上。目前在废气脱硫工程中，普遍采用安装在 GGH 之前的原废气管道上的方式。

气-气换热器（GGH）：废气经湿法脱硫后，温度降到 50~60℃，低于露点。为了避免废气对设备造成的低温腐蚀、增加废气排放抬升能力、减少可见烟团的出现，许多石灰石/石灰-石膏脱硫系统配有 GGH，但也有观点认为，GGH 并不能彻底解决设备的低温腐蚀问题，因为加热到 90℃仍然在废气的露点以下。同时 GGH 设备故障率高，运行维护难度增大，总体弊大于利。因此，目前实施的大多数湿法脱硫工程已不再安装 GGH。不过，若不安装 GGH，防腐要求将更加严格，而且“石膏雨”问题往往更严重。

挡板门：控制废气脱硫主烟道和旁路烟道开启的风门称为挡板门，包括进口挡板门（原废气挡板）、旁路挡板门和出口挡板门（净废气挡板）。废气脱硫系统正常运行时，旁路挡板门关闭，废气脱硫系统的进、出口挡板门打开；当废气脱硫系统发生故障或必须停机维护时，废气经由烟道旁路至烟囱排放。

4. 湿式石灰石/石灰-石膏工艺中石膏脱水制备系统控制要求有哪些？

____

____

____

____

小提示

湿式石灰石-石膏工艺中一般设有石膏脱水制备系统。在吸收塔浆液池中，当石膏浆液浓度达 15%~20%固体含量时，需从吸收塔中抽出排向旋流器站，进行石膏一级脱水使底流石膏固体含量达 50%，底流直接送至真空皮带过滤机进一步脱水至含水 10%。溢流含 3%~5%的细小固体微粒在重力作用下流入滤液箱，最终返回到吸收塔。旋流器的溢流被输送到废水旋流站进一步分离处理。石膏脱水的主要子系统有吸收塔排出泵系统、旋流器站（一级脱水系统）、真空皮带过滤机（二级脱水系统）、废水旋流站。

引导问题 7：石灰石/石灰-石膏法废气脱硫技术参数控制

1. 影响石灰石/石灰-石膏法脱硫性能的主要因素有哪些？

____

____

____

2. 简述 SO_2 浓度影响原理。

3. 吸收液 pH 过高、过低对吸收的影响有哪些？实际生产中 pH 一般介于什么范围？如何调节 pH，使其介于最佳范围内？

4. 温度对脱硫有何影响？废气温度一般控制为多少？

5. 石灰石、石灰粒度对脱硫效果的影响是什么？粒度应该控制在什么范围内？

6. 石灰石、石灰浆液浓度对脱硫效果的影响是什么？一般应控制在什么范围内？

7. 什么是液气比？一般应控制在什么范围内？

小提示

影响石灰石/石灰-石膏法脱硫性能的主要因素包括SO_3浓度、浆液pH、石灰石粒度、液气比、钙硫比、浆液固体含量、废气流速和吸收温度等。

SO_2浓度影响原理：脱硫效率一般随废气中SO_2浓度增大而降低，其原因是随着SO_2浓度的增大，浆液中的石灰石消耗加快，新鲜石灰石补充滞后，从而造成液膜阻力增加。不过，当废气SO_2浓度较低（一般低于$1000mg/m^3$）时，其浓度增大对浆液中石灰石的消耗速率影响不大，但会增大气膜传质推动力，反而使脱硫效率提高。

pH的影响：pH太高，不利于碳酸钙的溶解，使设备结垢、堵塞；pH太低，不利于二氧化硫的吸收、溶解以及亚硫酸的氧化；实际工程中，石灰石-石膏系统pH最佳值在5.0~7.0之间调节，石灰-石膏系统pH最佳值在8.0左右。

调节pH的方法：通入新鲜浆液，pH升高；停止新鲜浆液通入，pH降低。

温度的影响：温度低，有利于吸收；温度过低，H_2SO_4与$CaCO_3$或$Ca(OH)_2$之间的反应速度降低。一般控制废气的温度为50~60℃。

粒度的影响：减少粒度，溶解速度增加，增大与SO_2的接触面积，有利于脱硫。石灰石细度宜不低于250目90%的过筛率；石灰细度宜不低于150目90%的过筛率。

浆液浓度：浓度大，易堵塞、结垢和磨损；浓度低，脱硫效率低。生产实践中石灰石浆液浓度一般为30%；石灰浆液浓度一般为10%~15%。

空塔速度和时间：速度高，处理能力大，效率低，但会形成严重的雾沫夹带。停留时间长，处理效率高。

采用空塔脱硫时，空塔气速控制在2~4m/s，废气在塔内的停留时间1.5~4.5s。一般来说，SO_2浓度越高，停留时间应越长。

液气比：指处理$1m^3$体积的废气所需要的吸收剂浆液的体积（以L计）。

要提高脱硫效率，提高液气比是一个重要技术手段。一般石灰石-石膏法废气脱硫液气比在10~15之间，有的甚至超过20；石灰-石膏法废气脱硫液气比一般调整到7.4左右。

引导问题 8：石灰石/石灰-石膏法废气脱硫工艺结垢处理措施

1. 石灰石/石灰-石膏法废气脱硫防止结垢的措施有哪些？

2. 己二酸防止结垢的原理及使用量分别是什么？

小提示

吸收器应满足持液量大；气液相间相对速度高；有较大的气液接触表面积；内部构件少；控制吸收液过饱和。

在吸收液中加入二水硫酸钙晶种或亚硫酸钙晶种，提供足够的沉积表面，使溶解盐优先沉积在上面，减少固体物向设备表面的沉积和增长。

使用添加剂：常用的添加剂有己二酸、乙二胺四乙酸、硫酸镁、氯化钙和单质硫等。

己二酸的缓冲机理：己二酸抑制气液界面上 SO_2 溶解造成的 pH 降低，加速液相传质；己二酸钙的存在增加了液相与 SO_2 的反应能力。

己二酸的用量：1t 石灰石，己二酸用量为 1~5kg。

综合素质培养——提升专业综合素质

引导问题 9：试列表对石灰石-石膏法、石灰-石膏法废气脱硫的典型操作条件进行比较。

引导问题 10：根据典型石灰石/石灰-石膏法废气脱硫工艺流程图，以树状图或思维导图形式分析系统产生结垢部位以及相应解决措施。

小提示

石灰石-石膏法、石灰-石膏法废气脱硫的典型操作条件比较如表 5-3 所示。

表 5-3　典型操作条件比较

名称	石灰	石灰石
烟气中的 SO_2 体积分数/10^{-5}	4000	4000
浆液中的固体含量/%	10~15	30
浆液 pH	8	5~7
钙硫比	1. 05~1. 1	1. 1~1. 3
液气比	4. 7	>8. 8
气流速度/（m/s）	3. 0	3. 0

石灰石-石膏法、石灰-石膏法废气脱硫系统产生结垢部位以及相应解决措施如图 5-6 所示。

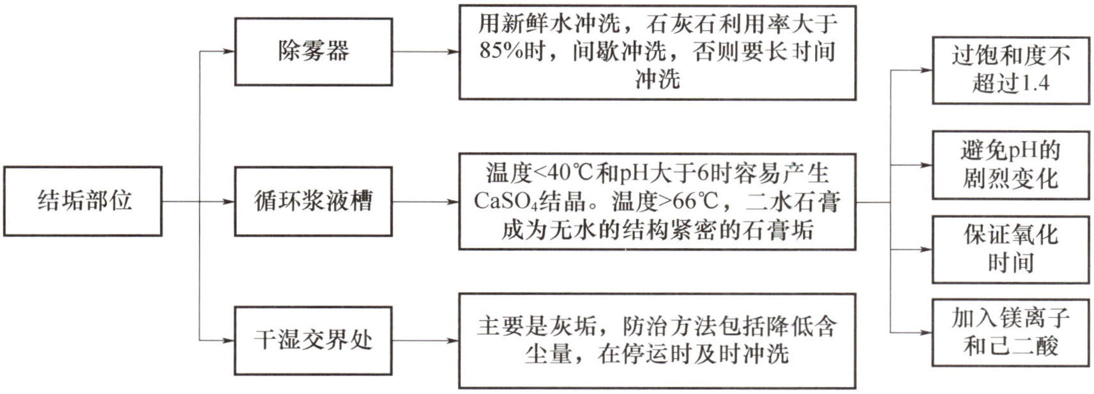

图 5-6　结垢部位及相应解决措施

思政教育——遵章守法

引导问题 11：根据查阅《石灰石/石灰-石膏湿法烟气脱硫工程通用技术规范》HJ 179—2018，说明火电厂废气脱硫对旁路系统的要求。

小提示

《石灰石/石灰-石膏湿法烟气脱硫工程通用技术规范》HJ 179—2018 的修改方案中，明确规定："新建发电机组建设脱硫设施或已运行机组增设脱硫设施，不宜设置废气旁路。如确需设置的，应保证脱硫装置进出口和旁路挡板门具有良好的操作和密封性能。"

专业能力评价——量化考核，综合评价

学生进行自评，评价自己是否能够完成引导问题，是否能全面正确分析企业生产中遇到的案例问题；老师根据学生的纪律性、协作性、实训报告完成情况，知识掌握情况进行评价。

（1）学生根据自己对问题回答情况及素质问题进行自我评价，将评价结果填于表 5-4。

表 5-4　学生自评表

班级：	姓名：	学号：	
情景 1	湿法净化治理		
评价项目	评价标准	分值	得分
二氧化硫的基本性质	表述准确	5	
二氧化硫的净化方法	表述准确	5	
石灰石/石灰-石膏法废气脱硫净化原理	表述准确	5	
石灰石/石灰-石膏法废气脱硫流程	表述准确	10	
石灰石/石灰-石膏法废气脱硫技术参数控制	表述准确	10	
石灰石/石灰-石膏法废气脱硫工艺结垢处理措施	处理措施得当、正确	10	
不同废气脱硫典型操作条件比较	总结全面、正确	15	
脱离系统结垢部位以及相应解决措施	结垢部位正确，解决措施正确有效	10	
综合素质	分析全面，表述准确	5	
学习态度	态度端正，无无故迟到、早退现象	5	
协作能力	与小组同学能合作交流，协作完成任务	5	
守法意识	能分清对错，具有守法意识	5	
创新意识	有自己独到的见解	10	
合计		100	

（2）以小组为单位，对上述学习内容、结果、态度及队内表现进行互评，将评价结果填于表 5-5。

表 5-5 学生互评表

被评价人：																
评价人：																
评价项目	分值	等级								评价对象						
										1	2	3	4	5	6	
团队合作	10	优	10	良	8	中	7	差	5							
案例分析	20	优	20	良	17	中	15	差	10							
组织有序	10	优	10	良	8	中	7	差	5							
团队贡献	20	优	20	良	17	中	15	差	10							
学习态度	10	优	10	良	8	中	7	差	5							
学习能力	10	优	10	良	8	中	7	差	5							
创新意识	20	优	20	良	17	中	15	差	10							
合计	100															

（3）教师对学生工作过程、知识综合利用能力进行评价，并将评价结果填于表 5-6。

表 5-6 教师综合评价表

班级：	姓名：	学号：		
评价教师：				
评价项目		评价标准	分值	得分
考勤（10%）		无无故迟到、早退现象	10	
职业素质（55%）	二氧化硫的基本性质	正确说出判断标准名称及功能分区	5	
	二氧化硫的净化方法	表述准确	5	
	石灰石/石灰-石膏法废气脱硫净化原理	表述准确，熟练掌握	5	
	石灰石/石灰-石膏法废气脱硫流程	表述准确，熟练掌握	5	
	石灰石/石灰-石膏法废气脱硫技术参数控制	表述准确，熟练掌握	10	
	石灰石/石灰-石膏法废气脱硫工艺结垢处理措施	表述准确，熟练掌握	5	
	不同废气脱硫典型操作条件比较	总结全面、正确	10	
	脱离系统结垢部位以及相应解决措施	结构部位正确，解决措施正确有效	10	

续表

<table>
<tr><td colspan="2">班级：</td><td colspan="2">姓名：</td><td colspan="3">学号：</td></tr>
<tr><td colspan="7">评价教师：</td></tr>
<tr><td colspan="3">评价项目</td><td colspan="2">评价标准</td><td>分值</td><td>得分</td></tr>
<tr><td rowspan="5">思政素质
（35%）</td><td colspan="2">学习态度</td><td colspan="2">态度端正，认真主动</td><td>5</td><td></td></tr>
<tr><td colspan="2">守法意识</td><td colspan="2">能分清对错、具有守法意识</td><td>10</td><td></td></tr>
<tr><td colspan="2">协作能力</td><td colspan="2">与小组同学能合作交流，协作完成任务</td><td>5</td><td></td></tr>
<tr><td colspan="2">责任意识</td><td colspan="2">专业知识扎实，环保意识强，责任感强</td><td>5</td><td></td></tr>
<tr><td colspan="2">创新意识</td><td colspan="2">观点新颖，有独到的见解</td><td>10</td><td></td></tr>
<tr><td colspan="5">合计</td><td>100</td><td></td></tr>
<tr><td colspan="2" rowspan="2">综合得分</td><td>自评（40%）</td><td>小组互评（30%）</td><td>教师评价（30%）</td><td colspan="2">综合得分</td></tr>
<tr><td></td><td></td><td></td><td colspan="2"></td></tr>
</table>

知识拓展——提升专业综合素质

引导问题 10：利用废水治理技术说明脱硫废水如何实现达标排放。

____

____

____

____

____

小提示

废气脱硫系统的废水主要来自石膏脱水系统的旋流器溢流液、真空皮带机的滤液或冲洗水。其中的一部分循环使用，另外一部分经处理达标后排放。通过排放废水可以控制循环浆液中的 Cl^- 和 F^- 等有害元素，同时将废气中被洗涤下来的飞灰排出。脱硫废水主要问题是弱酸性（pH 为 4～6）、悬浮物（含固量 0.6%～1%）和重金属含量超标。目前对脱硫废水的处理主要有两种方式：一种是将脱硫废水直接输送到电厂的水力除灰系统；另一种是建设专门的废水处理装置，单独处理脱硫废水。处理后排放的废水水质应满足《污水综合排放标准》（GB 8978）和建厂所在地区的排放标准。

情景2　半干法净化治理

学习情景描述

通过观看本课程配套网络平台课相关课程资源，了解半干法脱硫的基本原理及基本工艺，建立半干法废气脱硫初步认识，激发学习动力，为深入学习奠定基础。

学习目标

知识目标	技能目标	思政目标
1. 熟悉常见半干法脱硫技术； 2. 掌握旋转喷雾干燥法废气脱硫净化机理； 3. 熟悉旋转喷雾干燥法废气脱硫工艺流程、设备及主要工艺操作参数； 4. 掌握炉内喷钙-炉后增湿活化废气脱硫净化机理、净化工艺流程及设备	1. 能够运用所学知识进行案例分析； 2. 能够合理调整工艺参数，提高脱硫效率	1. 具有良好的团队合作意识、创新意识； 2. 具有奉献精神； 3. 具有科技报国的家国情怀

任务书

通过掌握半干法脱硫方法原理、工艺操作及操作参数设定，能够正确控制生产，提高脱硫效率；能够综合分析实际生产问题；能够设计半干法脱硫协同处理其他污染系统。

任务分组

表 5-7　学生任务分配表

<table>
<tr><td>班级</td><td></td><td>组号</td><td></td><td>指导老师</td><td></td></tr>
<tr><td>组长</td><td></td><td>学号</td><td></td><td></td><td></td></tr>
<tr><td>组员</td><td colspan="5">
<table>
<tr><td>姓名</td><td>学号</td><td>姓名</td><td>学号</td></tr>
<tr><td></td><td></td><td></td><td></td></tr>
<tr><td></td><td></td><td></td><td></td></tr>
<tr><td></td><td></td><td></td><td></td></tr>
<tr><td></td><td></td><td></td><td></td></tr>
<tr><td></td><td></td><td></td><td></td></tr>
<tr><td></td><td></td><td></td><td></td></tr>
</table>
</td></tr>
<tr><td colspan="6">任务分工</td></tr>
</table>

基础知识巩固——专业内容引入

引导问题 1：半干法废气脱硫副产品的基本性质如何？

1. 亚硫酸钙的性质如何？

____

____

____

2. 硫酸钙在水中的溶解度是多少？石膏主要成分是什么？

____

____

____

小提示

亚硫酸钙是一种亚硫酸盐，具有还原性，可用作漂白剂、钙塑板填充料。在强酸中溶解，放出有毒的二氧化硫气体。用于制钙塑材料，也用作纤维素制品漂白脱氯剂、食品防腐剂、发酵杀菌剂等。亚硫酸钙在水中的溶解度很低，属难溶物质。

硫酸钙在 18℃ 水中的溶解度为 0.255g/100g 纯水，微溶于水，通常带有两个结晶水。石膏主要成分是二水硫酸钙。

专业能力培养——获取专业知识

引导问题 2：什么是半干法脱硫？常见的半干法脱硫技术有哪些？

____

____

____

小提示

半干法脱硫是指脱硫剂在干燥状态下脱硫、在湿状态下再生，或者在湿状态下脱硫、在干状态下处理脱硫产物的废气脱硫技术。

常见的方法有旋转喷雾干燥法、炉内喷钙-炉后增湿活化法等。

引导问题 3：旋转喷雾干燥法废气脱硫净化机理

____

____

____

小提示

旋转喷雾干燥废气脱硫技术（SDA）是利用喷雾干燥原理，将石灰浆液通过高速旋转的喷雾装置雾化成很细的液滴，在吸收塔内与废气中的 SO_2 进行混合与反应，生成固体产物，同时雾化后的石灰浆液滴受热蒸发，形成干粉状脱硫产物与飞灰一起排出，经除尘器除尘后由烟囱排放。

引导问题 4：旋转喷雾干燥法废气脱硫工艺流程及设备

1. 下图为旋转喷雾干燥法废气脱硫工艺流程图，据图写出主要工艺过程。

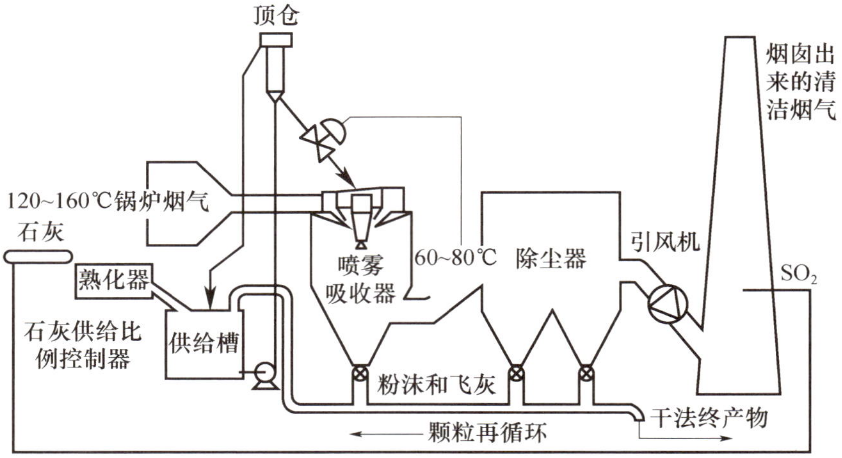

2. 旋转喷雾干燥法常用的吸收剂是什么？吸收原理是什么？

3. 简述吸收剂制备过程。

4. 简述吸收和干燥过程。

5. 简述固体废物捕集过程。

6. 简述灰渣的再循环与排除过程。

小提示

1. 喷雾干燥法脱硫的工艺主要包括脱硫浆液制备、吸收和干燥、固体废物捕集，以及灰渣的再循环与排除4个主要过程。

2. 常用的吸收剂为石灰

净化机理：

（1）生石灰制浆：$CaO+H_2O = Ca(OH)_2$

（2）SO_2 被灰浆液滴吸收：$SO_2+H_2O = H_2SO_3$

（3）脱硫剂与 SO_2 反应：$Ca(OH)_2+H_2SO_3 = CaSO_3+2H_2O$

（4）液滴中 $CaSO_3$ 过饱和沉淀析出：$CaSO_3$（液）$= CaSO_3$（固）

（5）部分 $CaSO_3$（液）被溶于液滴中的氧气所氧化：

$$CaSO_3(\text{液}) + 1/2O_2 = CaSO_4(\text{液})$$

（6）$CaSO_4$ 迅速沉淀析出。

3. 脱硫浆液制备过程：石灰仓内的粉状石灰经螺旋输送机送入消化槽，并制成高浓度的浆液，然后进入配浆槽，并过滤去除大颗粒的杂质。在配浆槽内用水将浓浆稀释到20%左右。制备好的石灰浆液用泵输送至吸收剂罐，再用泵输送到高位槽。

4. 吸收和干燥过程：安装于喷雾干燥塔顶部的高速旋转喷嘴可将制备好的石灰乳喷射成直径小于100μm的雾滴，这些雾滴与温度为120~160℃的锅炉废气接触，即实现脱硫过程。同时，废气与石灰乳雾滴进行热交换，迅速将大部分水分蒸发，形成含水较少，含亚硫酸钙、硫酸钙、飞灰和未反应氧化钙的固体废物。

5. 固体废物捕集：喷雾干燥脱硫固体废物的典型成分为飞灰64%~79%、$CaSO_3 \cdot 2H_2O$ 14%~24%、$CaSO_4 \cdot 2H_2O$ 2.1%~4%、$Ca(OH)_2$ 1.2%~5%。固体废物在喷雾干燥塔中沉积下来，由底部排出。细小的脱硫灰颗粒随废气从干燥器下部排出进入袋式除尘器或电除尘器。

6. 灰渣的再循环与排除：部分粉粒在喷雾干燥吸收塔内被收集，剩余部分粉粒和废气中的飞灰随气流进入袋式除尘器或电除尘器而被分离。为提高脱硫剂的利用率，吸收塔和除尘器排出的灰渣一部分被循环使用，其余部分则进行综合利用。

引导问题 5：旋转喷雾干燥法废气脱硫主要工艺操作参数

1. 旋转喷雾干燥法废气脱硫主要工艺操作参数有哪些？

2. 简述吸收塔废气出口温度控制原理及操作值。

3. 吸收剂化学当量比如何选取？

4. 简述 SO_2 入口浓度控制要求。

小提示

1. 旋转喷雾干燥法废气脱硫主要工艺操作参数包括废气出口温度、吸收剂当量比以及 SO_2 入口浓度。

2. 吸收塔废气出口温度。废气出口温度由浆液中的水含量和浆液供应速率决定。吸收塔废气出口温度越低，说明浆液的含水量越大，SO_2 吸收反应越容易进行，因而脱硫效率越高。但是，废气出口温度不能达到露点温度，否则除尘器将无法工作。一般吸收塔出口废气温度以其与绝热饱和温度的差值 ΔT 来控制。SO_2 吸收率和吸收剂利用率随 ΔT 的减小而提高。大部分喷雾干燥塔在绝热饱和温度之上 11～28℃操作。

3. 吸收剂化学当量比。吸收剂化学当量比（即钙硫比）直接影响 SO_2 去除。较高的钙硫比有利于 SO_2 去除，但当钙硫比大于 1 时，脱硫效率增加缓慢，而吸收剂利用率下降，增加了吸收剂成本和固体废物处置费用。另外，吸收剂溶解性或吸收剂固体在料浆中的重量百分比又限制了可能采用的钙硫比上限。喷雾干燥法的钙硫比一般控制在1.4~1.8。

4. SO_2 入口浓度。脱硫率随吸收塔入口 SO_2 浓度的升高而有所降低。这是因为在钙硫比等操作条件不变的情况下，废气中 SO_2 浓度越高，需要吸收的 SO_2 就越多，就需要加入更多的石灰，从而提高了雾滴中石灰的含量，同时生成的 $CaSO_3$ 的量也随之增大，使雾滴中水分相应减少，限制了 SO_2 的吸收传质过程，造成脱硫率下降。因此，喷雾干燥法不适合高硫煤废气的脱硫。

引导问题6：炉内喷钙-炉后增湿活化废气脱硫净化机理

简述炉内喷钙-炉后增湿活化废气脱硫净化机理。

______

______

______

小提示

炉内喷钙-炉后增湿活化废气脱硫净化机理：将磨细到325目左右的石灰石粉用气流输送方法喷射到炉膛上部温度为900~1250℃的区域，$CaCO_3$ 立即分解并与废气中的 SO_2 和少量的 SO_3 反应生成 $CaSO_4$。在活化器内炉膛中未反应的 CaO 与喷入的水反应生成 $Ca(OH)_2$，SO_2 与生成的 $Ca(OH)_2$ 快速反应生成 $CaSO_3$，有部分被氧化成 $CaSO_4$。

引导问题7：炉内喷钙-炉后增湿活化废气脱硫净化工艺流程及设备

1. 如下图为废气脱硫炉内喷钙-炉后增湿活化废气脱硫工艺流程，据图说明该系统的组成包括哪几部分。

______

______

______

2. 简述石灰石粉制备系统要求。

______

______

______

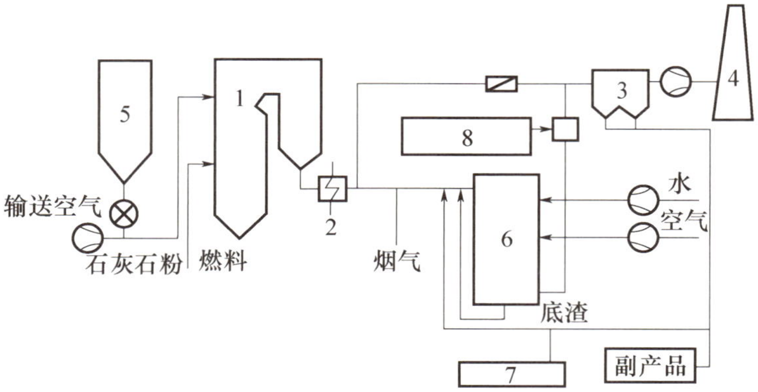

3. 简述炉内喷钙系统的主要任务。

4. 简述废气增湿活化系统的作用。

5. 简述废气脱硫炉内喷钙-炉后增湿活化废气脱硫工艺如何实现自动化控制。

小提示

炉内喷钙-炉后增湿活化废气脱硫系统主要由石灰石粉制备系统、炉内喷钙系统、废气增湿活化系统、仪表控制系统和电气系统组成。

石灰石粉制备系统：该系统的作用是向厂内提供脱硫剂石灰石粉，要求石灰石粉的粒度为325目，并具有较高的比表面积，以使其在较短时间内完成煅烧及吸收SO_2的反应。

炉内喷钙系统的主要任务是完成厂内石灰石粉输送、计量、送粉量调节、炉内喷钙、煅烧分解、与SO_2反应等。石灰石粉由厂外制粉厂用密封罐车运至厂内，通过压缩空气正压输送到石灰石粉仓。每台主粉仓可以储存1台炉3天的用量。用泵将石灰石粉输送到设置在炉前的计量给料系统。螺旋给料机将粉料送入混合器，再由风机将粉料经过喷嘴喷入炉膛。为了使石灰石粉气流能与废气混合均匀，喷嘴处的喷射速度应保持60~90m/s，并设置了二次风作为助推空气。喷射到炉内的石灰石粉立即分解为CaO，并与SO_2反应生成$CaSO_3$。

废气增湿活化系统的作用是通过活化器内喷水与废气充分混合，使没有反应的CaO与H_2O反应生成$Ca(OH)_2$，从而进一步脱硫。

仪表控制系统是以小型的DCS系统（集中分散控制系统）组成的自动化装置，可以实现整个脱硫系统的自动控制。在单元控制室内，以带屏幕显示和键盘操作的操作员站为中心，实现脱硫系统正常运行工况的监视和调整、异常工况的报警和紧急事故处理等。该控制系统可以对运行中影响工艺性能的主要参数（石灰石喷射量、活化器出口温度、再热器出口温度、再循环灰渣量、助推风风量）进行自动控制。

思政教育——培养责任感和奉献精神

引导问题8：请思考作为一名环保专业学生，在疫情特殊时期你应该怎样为行业发展做贡献？

____

____

____

小提示

举例：在武汉发生新冠肺炎疫情后，中国工程院院士、中国科学院安徽光学精密机械研究所首席科学家刘文清带领团队采用自主研制的走航车，获得疫情期间大气环境质量的第一手数据。

在武汉工作期间，这支大气环境立体探测实验队每日在定点医院、方舱医院、隔离点、社区等开展走航观测实验，获取第一手大气环境数据，为病毒传播风险评估、环境影响因素分析提供了科技支撑。

刘文清说："前沿和关键技术是买不来的，没有技术独立，就没有经济独立，就没有政策独立。""做国家最需要的事，永远是我的出发点。"

综合素质培养——提升专业综合素质

引导问题9：案例分析计算

某玻璃熔窑以硅砂、长石、石灰石、白云石、纯碱和芒硝为原料，以自制热煤气为燃料，采用浮法工艺生产低辐射在线镀膜玻璃。煤气站年消耗成品精煤128000t，其中硫分0.5%，设定煤气炉渣中固硫率为20%。年耗用各种原料如表5-8所示。熔窑年产成品玻璃209500t，成品玻璃残硫0.2%（以二氧化硫计）。计算熔窑废气中二氧化硫的年排放量是多少？

表5-8　年耗用各种原料

原料名称	用量（万t）	成分						
		SiO_2	Al_2O_3	Fe_2O_3	CaO	MgO	Na_2CO_3	Na_2SO_4
硅砂	13.36	99.36	0.38	<0.3				
长石	10.95	73.75	14.00	0.10				
石灰石	0.70	1.00	0.40	0.17	54.0			
白云石	3.50		0.40		31.0	20.75		
纯碱	4.10						99.34	
芒硝	0.18							97.00

小提示

解答过程：二氧化硫排放来自两个方面，一部分来自于煤炭的使用，这部分二氧化硫的年排放量为128000×0.5%×2×（1−20%）=1024.0t，另一部分来自芒硝（澄清剂）的使用，这部分二氧化硫的年排放量$0.18\times10^4\times97\%\times64/142=786.93$t；成品玻璃残硫量为0.2%×209500=419t，所以年排放量为1024.0t+786.93t+419.0t=2229.93t。

专业能力评价——量化考核，综合评价

学生进行自评，评价自己是否能够完成引导问题的学习，是否能全面正确分析企业生产中遇到的案例问题；老师根据学生的纪律性、协作性、实训报告完成情况、知识掌握情况进行评价。

（1）学生根据自己对问题回答情况及素质问题进行自我评价，将评价结果填于表5-9。

表 5-9 学生自评表

班级：	姓名：	学号：	
情景 2	半干法净化治理		
评价项目	评价标准	分值	得分
半干法废气脱硫副产品的基本性质	表述准确	5	
什么是半干法脱硫，常见的半干法脱硫技术有哪些	表述准确	5	
旋转喷雾干燥法废气脱硫净化机理	表述准确	7	
旋转喷雾干燥法废气脱硫工艺流程及设备	表述准确	8	
旋转喷雾干燥法废气脱硫主要工艺操作参数	表述准确	8	
炉内喷钙-炉后增湿活化废气脱硫净化机理	处理措施得当、正确	7	
炉内喷钙-炉后增湿活化废气脱硫净化工艺流程及设备	总结全面、正确	10	
案例分析计算	计算正确	10	
奉献精神	具有吃苦耐劳精神、奉献精神	10	
学习态度	态度端正，无无故迟到、早退现象	5	
协作能力	与小组同学能合作交流，协作完成任务	10	
创新意识	有自己独到的见解	10	
责任意识	专业知识扎实，环保意识强，责任感强	5	
合计		100	

（2）以小组为单位，对上述学习内容、结果、态度及队内表现进行互评，将评价结果填于表 5-10。

表 5-10 学生互评表

被评价人：															
评价人：															
评价项目	分值	等级								评价对象					
										1	2	3	4	5	6
团队合作	10	优	10	良	8	中	7	差	5						
案例分析	20	优	20	良	17	中	15	差	10						
组织纪律	10	优	10	良	8	中	7	差	5						

续表

被评价人：															
团队贡献	20	优	20	良	17	中	15	差	10						
学习态度	10	优	10	良	8	中	7	差	5						
奉献意识	10	优	10	良	8	中	7	差	5						
创新意识	20	优	20	良	17	中	15	差	10						
合计	100														

（3）教师对学生工作过程、知识综合利用能力进行评价，并将评价结果填于表 5-11。

表 5-11　教师综合评价表

班级：		姓名：		学号：
评价教师：				
评价项目		评价标准	分值	得分
考勤（10%）		无无故迟到、早退现象	10	
职业素质（60%）	半干法废气脱硫副产品的基本性质	正确说出判断标准名称及功能分区	5	
	什么是半干法脱硫，常见的半干法脱硫技术有哪些	表述准确	5	
	旋转喷雾干燥法废气脱硫净化机理	表述准确，熟练掌握	5	
	旋转喷雾干燥法废气脱硫工艺流程及设备	表述准确，熟练掌握	10	
	旋转喷雾干燥法废气脱硫主要工艺操作参数	表述准确，熟练掌握	10	
	炉内喷钙-炉后增湿活化废气脱硫净化机理	表述准确，熟练掌握	5	
	炉内喷钙-炉后增湿活化废气脱硫净化工艺流程及设备	表述准确，熟练掌握	10	
	案例分析计算	总结全面、正确	10	

续表

班级：		姓名：	学号：	
评价教师：				
评价项目		评价标准	分值	得分
思政素质（30%）	学习态度	态度端正，认真主动	5	
	奉献意识	表述准确，熟练掌握	5	
	协作能力	与小组同学能合作交流，协作完成任务	5	
	责任意识	专业知识扎实，环保意识强，责任感强	5	
	创新意识	能够提出新颖的想法，有自己独到的见解	10	
合计			100	

综合得分	自评（40%）	小组互评（30%）	教师评价（30%）	综合得分

知识拓展——提升专业综合素质

引导问题10：如何实现旋转喷雾干燥法脱硫协同脱除其他污染物？

______

______

______

______

小提示

旋转喷雾干燥法以石灰浆液为吸收剂，利用旋转雾化器将吸收剂浆液雾化成极为细小的液滴，增大气液两相的接触比表面积。SO_2 与吸收剂间通过一系列热交换、质量传递和化学反应过程，生成 $CaSO_3$ 和 $CaSO_4$ 而脱除。脱除 SO_2 并干燥的含粉料废气出吸收塔进入袋式除尘器进行气固分离，实现脱硫灰收集及废气出口粉尘浓度达标排放。若在袋式除尘器入口烟道上设置活性炭装置可同时脱除二噁英、Hg 等有害物。

情景 3　干法净化治理

学习情景描述

通过观看本课程配套网络平台课相关课程资源，了解干法脱硫的基本原理及工艺流程，建立干法废气脱硫初步认识，激发学习动力，为深入学习奠定基础。

学习目标

知识目标	技能目标	思政目标
1. 熟悉循环流化床锅炉机理及常用脱硫剂； 2. 了解常见的干法废气脱硫技术； 3. 掌握废气循环流化床脱硫净化机理、净化系统组成、控制系统； 4. 熟悉吸附法脱硫工艺，熟悉吸附剂的再生方法； 5. 了解行业新材料、新技术	1. 能够运用专业知识进行设备选型； 2. 能够运用专业知识进行技术可行性判断； 3. 能够根据工艺特点，提出降低污染物排放浓度的技术措施或改进建议； 4. 培养良好的表达沟通能力	1. 具有良好的团队合作意识、创新意识； 2. 具有探索精神； 3. 培养良好的职业道德素养

任务书

通过常见干法废气循环流化床和吸附剂吸附法净化废气实现脱硫的工艺原理、工艺设备、工艺条件等知识的学习，通过了解行业新材料、新技术，能够进行设备选型、进行可行性判断，提升解决生产实际问题的能力。

任务分组

表 5-12 学生任务分配表

<table>
<tr><td>班级</td><td></td><td>组号</td><td></td><td>指导老师</td><td></td></tr>
<tr><td>组长</td><td></td><td>学号</td><td></td><td></td><td></td></tr>
<tr><td>组员</td><td colspan="5"><table><tr><td>姓名</td><td>学号</td><td>姓名</td><td>学号</td></tr><tr><td></td><td></td><td></td><td></td></tr><tr><td></td><td></td><td></td><td></td></tr><tr><td></td><td></td><td></td><td></td></tr><tr><td></td><td></td><td></td><td></td></tr><tr><td></td><td></td><td></td><td></td></tr><tr><td></td><td></td><td></td><td></td></tr></table></td></tr>
<tr><td colspan="6">任务分工</td></tr>
</table>

基础知识巩固——专业内容引入

引导问题 1：循环流化床锅炉机理及常用脱硫剂

1. 简述循环流化床锅炉机理。

2. 循环流化床锅炉常用脱硫剂是什么？

小提示

在多物料循环流化床工作过程中，将一定粒度的常用脱硫剂，如石灰石等加入燃烧炉内，在800~900℃时，石灰石受热分解出二氧化碳，形成多孔的氧化钙，其与二氧化硫作用生成硫酸盐，达到固硫的目的。同时燃烧炉内的废气通过炉外高效旋风分离器从废气中分离出来，分离的颗粒物中含有未完全利用的脱硫剂，再循环至燃烧室中，实现脱硫剂的循环利用。

循环流化床锅炉（图5-7）常用脱硫剂是石灰石。

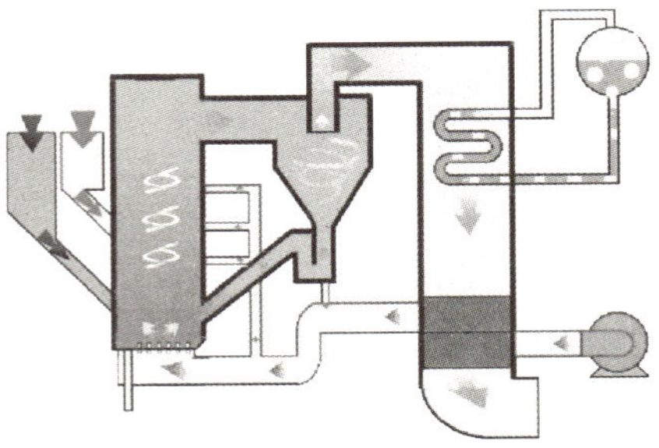

图5-7 循环流化床锅炉工作原理

专业能力培养——获取专业知识

引导问题2：常见的干法废气脱硫有哪几种技术？

小提示

常见的干法废气脱硫有废气循环流化床脱硫技术、活性炭吸附技术、高能电子活化氧化法（包括电子束照射法和脉冲电晕等离子体法）、荷电干吸收剂喷射脱硫法等。后两种技术目前还未获得广泛应用。

引导问题3：废气循环流化床脱硫净化

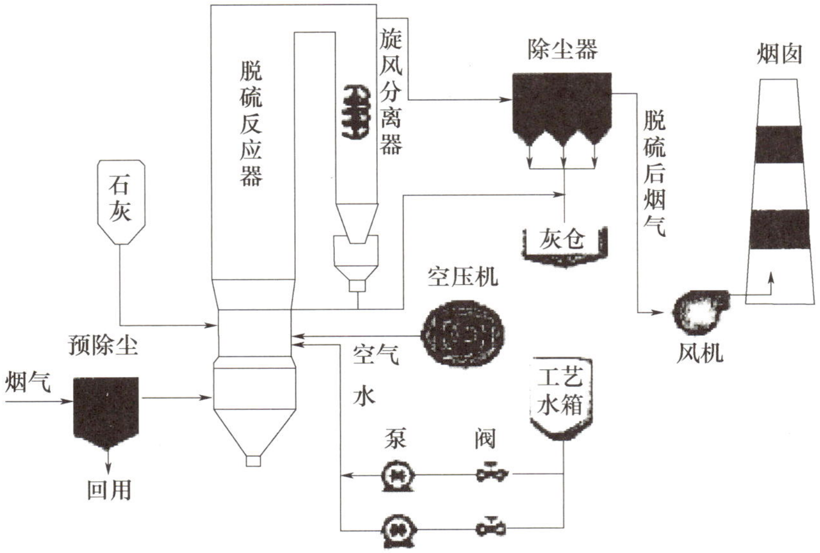

上图为废气循环流化床脱硫工艺流程，根据流程回答下列问题：

1. 废气循环流化床脱硫工艺常见脱硫剂是什么？脱硫机理是什么？

2. 该工艺与湿法废气脱硫相比，其优缺点是什么？

3. 废气循环流化床脱硫工艺系统组成有哪几部分？每部分的功能是什么？

4. 简述实现废气循环流化床脱硫工艺控制的3个主要回路。

小提示

该工艺以 CaO 等碱性物质作为主要脱硫剂、以除尘灰（包括脱硫灰）作为辅助脱硫剂，通过雾化喷嘴喷入水，增大废气湿度、降低废气温度，再借助废气与脱硫剂颗粒充分混合、接触，使废气中的 SO_2、SO_3 等其他酸性有害气体与 CaO 发生如下反应：

$$CaO+SO_2+2H_2O \longrightarrow CaSO_3 \cdot 2H_2O$$

$$CaSO_3 \cdot 2H_2O+0.5O_2 \longrightarrow CaSO_4 \cdot 2H_2O \text{（石膏）}$$

$$CaO+SO_3 \longrightarrow CaSO_4$$

$$CaO+2HCl \longrightarrow CaCl_2+H_2O$$

$$CaO+2HF \longrightarrow CaF_2+H_2O$$

与湿式废气脱硫工艺相比，废气循环流化床脱硫的优点是：①便于实现多种污染物的联合脱除，降低废气总净化费用的潜力大。②脱硫系统占地少、投资低，副产品呈干态，易于处理或综合利用。③循环流化床内部为空塔结构，主脱硫区没有机械装置，内部结构简单，可适度减少脱硫塔阻力和塔内磨损，防止堆积死角。其不足是：①循环流化床内部不规则部位和塔外含灰气流输送管道内壁存在积灰隐患，脱硫剂喷嘴易堵塞。②脱硫效率比湿式废气脱硫低且脱硫剂用量较大，对应90%脱硫效率的钙硫比需大于1.3。③工况波动适应性较差，维持稳定运行的难度较大。

废气循环流化床脱硫系统包括脱硫剂储存输送、循环流化床吸收塔、喷水增湿、脱硫灰循环以及仪表控制等子系统。其中，脱硫剂存储输送子系统由脱硫剂粉仓、给料机、称重式皮带机、空气斜槽、风机等组成，其作用是储存和定量输送合格的脱硫剂。循环流化床吸收塔是整个系统的核心，需满足脱硫剂、废气与水充分混合，足够的反应时间以及防止塔内积灰、堵灰的发生等多种要求。喷水增湿子系统由雾化喷嘴、空压机、储水箱、喷水管路等组成，实现水以一定粒径的分级喷入，同时保证较大的覆盖面。脱硫灰循环子系统由空气斜槽、风机、管路系统、排灰系统等组成，实现将除尘器收集的含有未反应脱硫剂的脱硫灰重新输送回反应器参与反应，并排出一定量的脱硫灰，协调脱硫系统总体灰量平衡等功能。仪表控制子系统由单独的DCS控制系统来完成参数监测、操作和自动控制的功能。

废气循环流化床脱硫工艺控制主要通过以下3个回路实现：①脱硫剂给料量控制。根据脱硫反应塔入口和出口废气中SO_2浓度控制消石灰粉的给料量，以确保净化后废气SO_2达标排放。②循环灰量控制。吸收塔内的固气比（固体颗粒浓度）是保证其良好运行的重要参数，固气比越大，表明固体颗粒浓度越大，脱硫效率通常也越高，但流化床的压力损失也越大。通常，根据沿床高度底部和顶部的压差，将反应器进口的回灰量控制在一定范围内，从而保证床内必需的固气比，使反应器始终处于良好的运行工况。③脱硫烟温控制。根据反应塔顶部处的废气温度直接控制反应器底部的喷水量，以确保反应器内的温度处于最佳反应温度范围内。3个回路相互独立，互不影响。

引导问题 4：吸附剂吸附脱硫

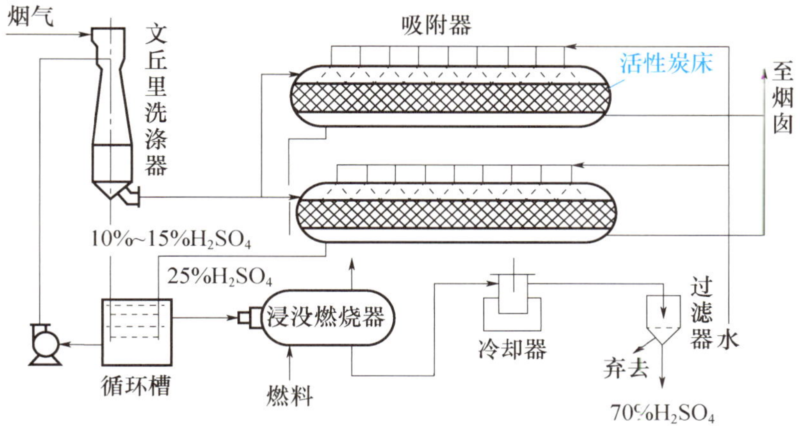

上图为固定床吸附流程图，根据流程图回答下列问题：

1. 吸附剂吸附脱硫工艺包括哪两部分？

______

______

______

2. 吸附法常用的吸附设备有哪些？

______

______

______

3. 据图写出吸附设备的名称。

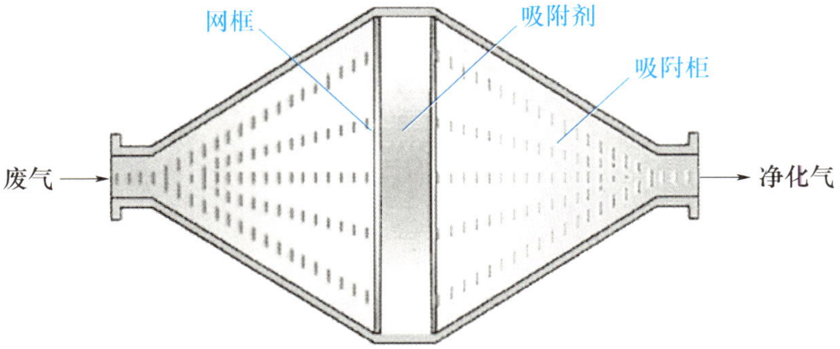

(   )

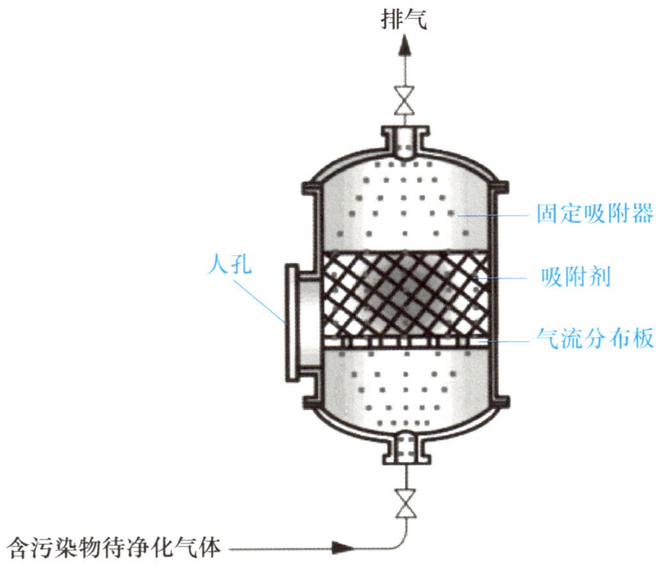

（　　　　　　　　）

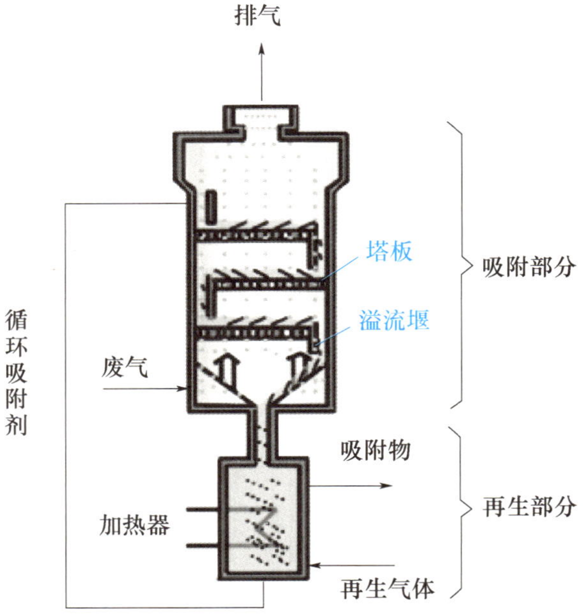

（　　　　　　　　）

4. 吸附剂再生常见方法有哪些？简要说明再生原理。

5. 影响吸附剂再生的因素有哪些？如何选择再生方法？

6. 活性炭上易于或难以再生的物质有哪些？

活性炭上易于再生的物质	
活性炭上难以再生的物质	

小提示

吸附剂吸附脱硫工艺包括活性炭吸附和活性炭再生两部分。

吸附法常用的吸附设备有固定床吸附器（立式、卧式和环式）、移动床吸附器、流化床吸附器。

吸附剂的容量有限，当吸附剂达到饱和或接近饱和时，必须对其进行再生操作。常用的再生方法有升温再生、降压再生、吹扫再生、置换脱附和化学转化再生等。

① 升温再生：根据吸附剂的吸附容量在等压下随温度升高而降低的特点，使热气流与床层接触直接加热床层，使吸附质脱附，吸附剂恢复吸附性能。选择一定的脱附温度，能使吸附质脱附得比较完全，达到较低的残余负荷。不同吸附剂允许加热的温度不同，要严格控制床层温度，以防止吸附剂失去活性。脱附阶段对吸附剂床层的加热方式有过热水蒸气法、烟道气法、电加热法和微波加热法等。

② 降压再生：再生时压力低于吸附操作的压力，或对床层抽真空，使吸附质解吸出来，再生温度可与吸附温度相同。

③ 吹扫再生：向再生设备中通入不被吸附的吹扫气，降低吸附质在气相中的分压，使其解吸出来。操作温度越高，通气温度越低，效果越好。

④ 置换再生：采用可吸附的吹扫气，置换床中已被吸附的物质，吹扫气的吸附性越强，床层解吸效果越好。

⑤ 化学转化再生：向床层中通入某种物质使其与被吸附的物质发生化学反应，生成不易被吸附物质而解吸下来。

影响吸附剂再生的因素主要有温度、压力、吸附质的性质和气相组成、吸附剂的化学组成和结构等。当影响吸附的因素主要是温度和压力等操作条件时，一般是通过降低温度和增大压力来提高吸附量，对这类吸附剂进行再生时可以采用升温再生法、降压再生法和吹扫再生法；当影响吸附的因素主要是吸附质的性质和气相组成或吸附剂的化学组成和结构等时，通常采用置换再生或化学转化再生法。

活性炭上易于和难于再生的物质如表 5-13 所示。

表 5-13　活性炭上易于和难于再生的物质

活性炭上易于再生的物质	苯、甲苯、混合二甲苯、氯苯；甲醇、乙醇、丁醇、异丙醇；酮类、脂肪烃、芳香烃；乙酸乙酯、乙酸丁酯、乙酸戊酯；二硫化碳、四氯化碳、四氢呋喃、汽油等
活性炭上难于再生的物质	丙烯酸、丙烯酸乙酯、丙烯酸丁酯、丙烯酸异丁酯、丁酸、二丁胺、二亚乙基三胺、甲基乙基吡啶等

综合素质培养——提升专业综合素质

引导问题 5：设备选型

某企业在生产中产生含二氧化硫废气，气体流量为 1000^3m/h，工厂每天工作 8h，每间隔 3h 排放一次废气，每次排放时间持续 1h，该厂拟采用活性炭吸附法来处理二氧化硫废气。选择沸腾床吸附器、固定床吸附器、移动床吸附器、流化床吸附器中的哪一种吸附设备最适合？

____

____

____

小提示

固定床吸附器好，理由：每间隔 3h 排放一次废气，每次排放时间持续 1h，每次排放周期的 2h 可用于活性炭的再生，且气体流量相对较小，所以选用固定床吸附器较好。

引导问题 6：技术可行性判断

采用活性炭吸附浓缩-热空气再生-催化燃烧工艺净化有机废气，运行一段时间后尾气中有机物浓度超标，取设备中的活性炭进行穿透曲线测试，与使用前的测试结果对比，如图 5-8 所示。为解决超标问题，①提高吸附剂再生频率；②更换同种类的新鲜活性炭；③采用水蒸气再生方法代替热空气再生方法；④在保证安全的前提下提高活性炭脱附温度，四种措施中哪种措施不可行？

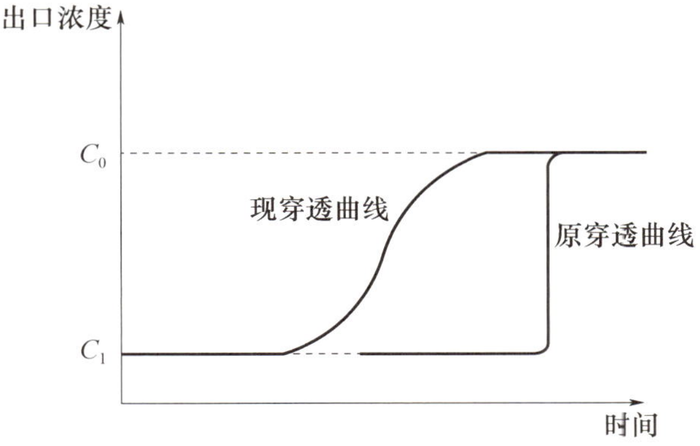

图 5-8　曲线测试

小提示

水蒸气再生活性炭的原理与热空气一样，均属于升温再生，所以③采用水蒸气再生方法代替热空气再生方法不可行。

引导问题 7：案例分析——知识综合利用

某市拟建 2×300MW 循环流化床锅炉燃煤坑口电厂。电厂年耗煤量 270 万 t，煤质灰分 50.5%，飞灰份额 60%，废气量 670m^3/s，掺烧石灰石有 25%进入飞灰，电厂年运行小时数为 5500h。项目拟采取炉内加石灰石脱硫，石灰石耗量 14 万 t/年，SO_2 排放满足有关环保要求；采用四电场静电除尘，除尘效率为 99.6%，烟尘粒度小于 15μm。

1. 分析本工程烟尘排放量。

2. 计算粉尘的排放浓度，判断是否达标，如果不达标请提出治理措施或改进建议（排放浓度标准为 200mg/m^3）。

小提示

1. 烟尘量：$(270\times10^4\times50.5\%\times60\%+14\times10^4\times25\%)\times10^3\times(1-99.6\%)\div5500=620.4$（kg/h）。

2. 排放浓度：$(85.31\times10^4\div5500)\div(670\times3600)\times(1-99.6\%)\times10^9=257.2$（mg/m^3）$>200$（mg/m^3）。

本工程烟尘排放量超标。应进一步加大烟尘排放治理力度，提高电场静电除尘效率，使除尘效率不低于99.7%。同时，控制石灰石用量，减少其进入飞灰中的量。

思政教育——我国大气污染治理技术日新月异的发展

引导问题8：废气净化新方向——超低排放

超低排放的法律依据：二氧化碳排放强度要降低3.1%以上，化学需氧量、氨氮排放都要减少2%左右，二氧化硫、氮氧化物排放要分别减少3%左右和5%左右。深入实施大气污染防治行动计划，实行区域联防联控，推动燃煤电厂超低排放改造，促进重点区域煤炭消费零增长。

1. 给出燃煤电厂的超低排放工艺流程图。
2. 为实现超低排放，请论述火电厂的超低排放技术改造措施及限值。

小提示

超低排放工艺流程如图5-9所示。

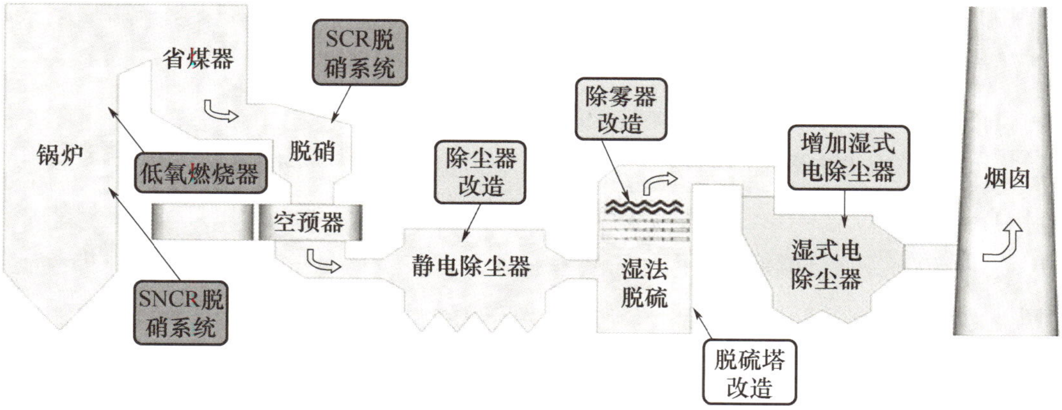

图5-9　超低排放工艺流程

火电厂的超低排放技术及限值如下：

（1）针对烟尘，采用低低温电除尘、湿式电除尘、高频电源等技术，实现除尘提效，排放浓度不超过5mg/m^3；

（2）针对二氧化硫，采用增加均流提效板、提高液气比、脱硫增效环、分区控制等技术，对湿法脱硫装置进行改进，实现脱硫提效，排放浓度不超过35mg/m^3；

（3）针对氮氧化物，采用锅炉低氮燃烧改造、SCR脱硝装置增设新型催化剂等技术，实现脱硝提效，排放浓度不超过 50mg/m^3；

（4）针对汞及其化合物，采用 SCR 改性催化剂技术，可使汞氧化率达到 50%以上，经过吸收塔脱除后，排放浓度不超过 3μg/m^3；

（5）针对三氧化硫，采用低低温电除尘、湿式电除尘等技术，排放浓度不超过 5mg/m^3。

对于工业窑炉污染物的排放，我国有国家标准和地方标准，其中限值有特别排放限值和超低排放限值。超低排放限值比特别排放限值更低，我国大气污染治理技术发展日新月异，通过治理制备、治理工艺提标升级改造，在部分窑炉上可以实现超低排放，学生们应该学好专业知识，树立科技报国的责任感和使命感，通过自己的专业知识为环境质量改善贡献力量。

专业能力评价——量化考核，综合评价

学生进行自评，评价自己是否能够完成引导问题，是否能全面正确分析企业生产中遇到的案例问题；老师根据学生的纪律性、协作性、实训报告完成情况、知识掌握情况进行评价。

（1）学生根据自己对问题回答情况及素质问题，进行自我评价，将评价结果填于表 5-14。

表 5-14　学生自评表

班级：	姓名：　　　　学号：		
情景 3	**干法净化治理**		
评价项目	**评价标准**	**分值**	**得分**
循环流化床锅炉机理及常用脱硫剂	回答正确	5	
常见的干法废气脱硫有哪几种技术	回答准确	5	
废气循环流化床脱硫净化	表述准确	10	
吸附剂吸附脱硫	表述准确	10	
设备选型	选择正确	15	
技术可行性判断	判断正确	15	
案例分析	分析全面，计算正确，表述准确	10	
学习态度	态度端正，无无故迟到、早退现象	10	
协作能力	与小组同学能合作交流，协作完成任务	5	
责任感和使命感	有立志学好专业知识、科技报国的责任感和使命感	10	
创新意识	有自己独到的见解	5	
合计		100	

（2）以小组为单位，对上述学习内容、结果、态度及队内表现进行互评，将评价结果填于表 5-15。

表 5-15　学生互评表

被评价人：															
评价人：															
评价项目	分值	等级								评价对象					
										1	2	3	4	5	6
团队合作	10	优	10	良	8	中	7	差	5						
设备选型	10	优	10	良	8	中	7	差	5						
技术可行性分析	10	优	10	良	8	中	7	差	5						
案例分析	10	优	10	良	8	中	7	差	5						
组织有序	10	优	10	良	8	中	7	差	5						
团队贡献	10	优	10	良	8	中	7	差	5						
学习态度	10	优	10	良	8	中	7	差	5						
责任感及使命感	20	优	20	良	17	中	15	差	10						
创新意识	10	优	10	良	8	中	7	差	5						
合计	100														

（3）教师对学生工作过程、知识综合利用能力进行评价，并将评价结果填于表 5-16。

表 5-16　教师综合评价表

班级：		姓名：		学号：
评价教师：				
评价项目		评价标准	分值	得分
考勤（10%）		无无故迟到、早退现象	10	
职业素质（60%）	循环流化床锅炉机理及常用脱硫剂	回答正确	10	
	常见的干法废气脱硫有哪几种技术	回答准确	10	
	废气循环流化床脱硫净化	表述准确	10	
	吸附剂吸附脱硫	表述准确	10	
	设备选型	选择正确，理由充分	10	
	技术可行性判断	判断正确，理由充分	10	

续表

班级：	姓名：		学号：		
思政素质（30%）	学习态度	态度端正，认真主动		5	
	责任感和使命感	有立志学好专业知识，科技报国的责任感和使命感		10	
	协作能力	与小组同学能合作交流，协作完成任务		5	
	职业素质	专业知识扎实，环保意识强，责任感强		5	
	创新意识	能够提出新颖的想法，有自己独到的见解		5	
合计				100	
综合得分	自评（40%）	小组互评（30%）	教师评价（30%）	综合得分	

知识拓展——提升专业综合素质

引导问题 9：新材料：查阅资料了解活性碳纤维的特性及应用。

任务2 废气脱硝净化治理

学习情景描述

通过网络和相关书籍认知脱硝的基本工艺流程、脱硝设备的基本组成及可以实现的功能。

学习目标

知识目标	技能目标	思政目标
1. 了解SCR废气脱硝工艺流程； 2. 熟悉供氨、注氨系统尿素水解系统的工艺及流程； 3. 掌握SCR反应器构件作用； 4. 熟悉常见催化剂及性能； 5. 了解相关环保政策、法律法规； 6. 了解废气脱硝方法及新技术	1. 通过正确分析影响催化剂使用寿命的因素，提高催化剂使用寿命措施； 2. 能够正确分析生产中脱硝效率异常原因，并能提出解决措施； 3. 能够正确设计SCR脱硝主体设备的位置	1. 培养学生团队协作精神； 2. 培养学生职业精神和职业道德； 3. 培养学生安全意识

任务书

根据排放标准，正确选用脱硝技术（图5-10）；为实现达标排放，能够正确安全供应还原剂（氨储存和供应、氨与空气混合稀释、稀释氨气与废气混合）、保证反应器系统正常运行，熟悉控制系统；能够运用所学知识进行企业案例、企业事故分析；具有团队协作精神、环保意识、安全意识、职业精神。

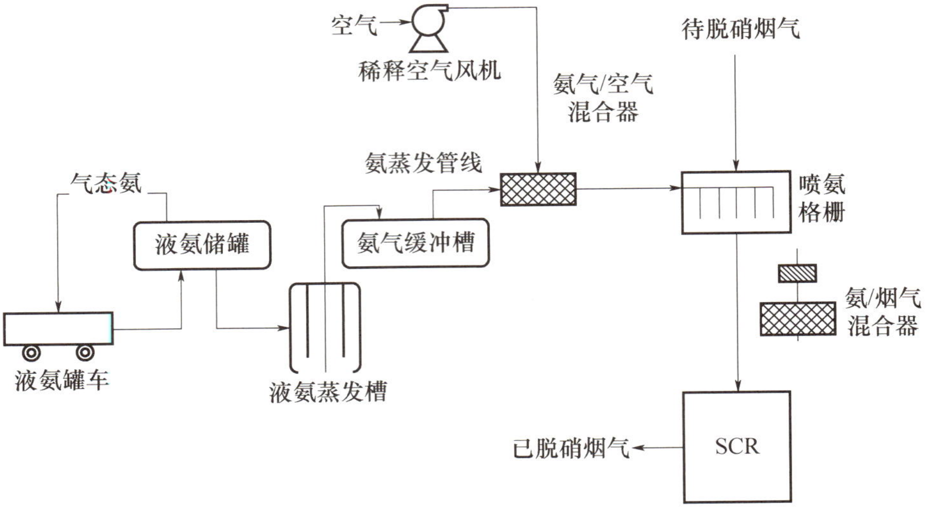

图 5-10　脱硝技术

任务分组

表 5-17　学生任务分配表

<table>
<tr><td>班级</td><td></td><td>组号</td><td></td><td>指导老师</td><td></td></tr>
<tr><td>组长</td><td></td><td>学号</td><td></td><td></td><td></td></tr>
<tr><td>组员</td><td colspan="5">
<table>
<tr><td>姓名</td><td>学号</td><td>姓名</td><td>学号</td></tr>
<tr><td></td><td></td><td></td><td></td></tr>
<tr><td></td><td></td><td></td><td></td></tr>
<tr><td></td><td></td><td></td><td></td></tr>
<tr><td></td><td></td><td></td><td></td></tr>
<tr><td></td><td></td><td></td><td></td></tr>
<tr><td></td><td></td><td></td><td></td></tr>
</table>
</td></tr>
<tr><td colspan="6">任务分工</td></tr>
</table>

基础知识巩固——专业内容引入

引导问题 1：某 500t/d 浮法玻璃生产线玻璃厂，以天然气为燃料，排放的氮氧化物的浓度（以二氧化氮计）为 $1800mg/Nm^3$。

根据《玻璃工业大气污染物排放标准》（GB 26453—2022）规定，氮氧化物的排放限值由 $700mg/m^3$ 调整至 $400mg/m^3$，为实现达标排放，脱硝效率应该多大？

小提示

利用效率公式计算脱硝效率：$\eta=\left(1-\frac{C_2}{C_1}\right)\times100\%$

引导问题 2：废气脱硝工艺种类。

1. 已经工业化应用的工艺有哪些？效率分别为多大？

2. 脱硝新技术有哪些？进展如何？

小提示

氮氧化物控制技术包括：低氮燃烧技术和废气脱硝技术。

废气脱硝技术如图 5-11 所示方法。

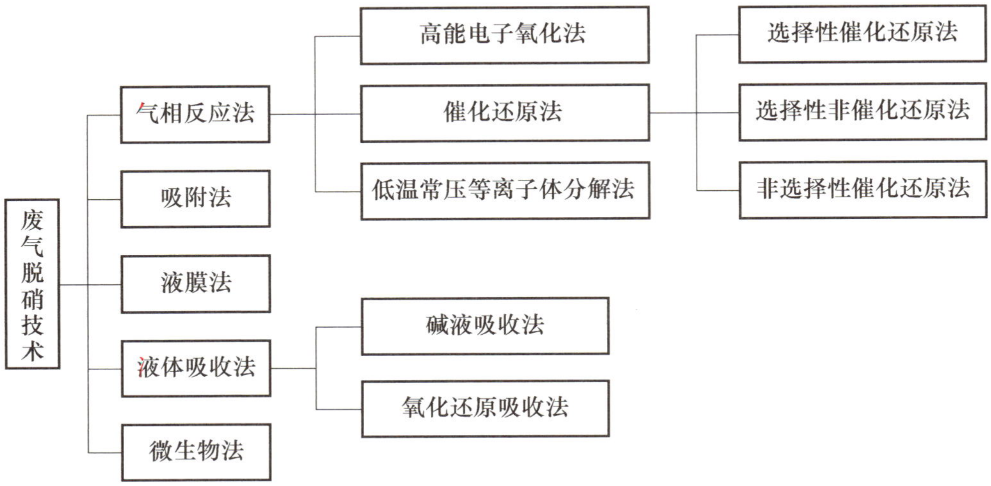

图 5-11　废气脱硝技术

低温常压等离子体分解法尚处于小试阶段。

液体吸收法较多，应用也较广泛。与干法相比，湿法工艺具有设备简单、投资少等优点，净化效率大约在 70%以上。

吸附法脱除 NO_x 效率高，而且能回收 NO_x，但吸附容量小，吸附剂用量大，设备庞大，再生频繁等因素，限制其广泛应用。

液膜法和微生物法是国外新近提出的脱硝工艺，目前尚处于研究阶段。

高能电子氧化法可以同时脱硫脱硝，但在工业上还没有大规模应用。

目前工业上应用的主要是气相反应法和液体吸收法两类。

非选择性催化还原法（NSCR）是在一定的温度下，在 Pt、Pd 等贵金属催化剂的作用下，废气中的 NO_2 和 NO 被还原剂（H_2、CO、CH_4 等）还原为 N_2。同时还原剂还与废气中的 O_2 发生反应生成 H_2O 和 CO_2，并放出大量的热。该法还原剂使用量大，需要贵金属作催化剂，还需要热回收装置，投资大，运行费用高，逐渐被淘汰。

SCR 技术在理想状态下，可使 NO_x 的脱除率达 90%以上，是目前控制 NO_x 污染的最佳技术，广泛应用于电站锅炉、工业锅炉、燃气锅炉、内燃机以及化工厂、炼钢厂等污染的治理中。

专业能力培养——获取专业知识

引导问题3：SCR废气脱硝工艺流程。

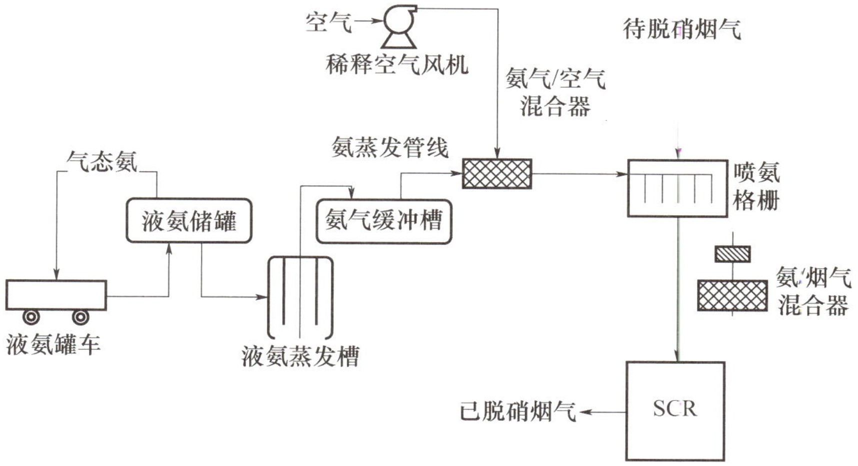

SCR废气脱硝工艺流程包括哪几部分？

小提示

典型的SCR脱硝系统一般由供氨和注氨、催化反应器、检测和控制3个子系统组成。

引导问题4：供氨、注氨系统尿素水解系统的工艺及流程

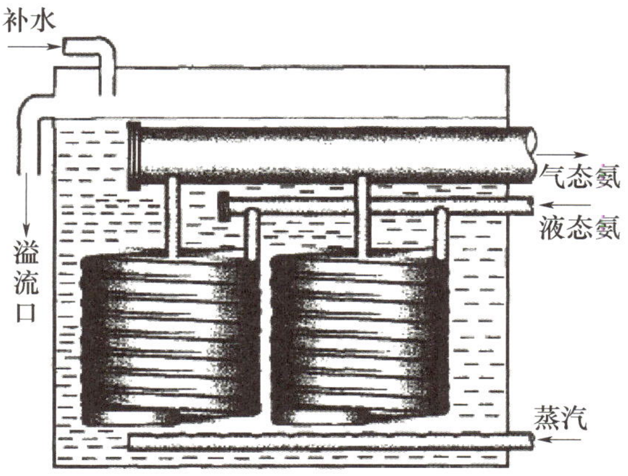

汽化器内部结构

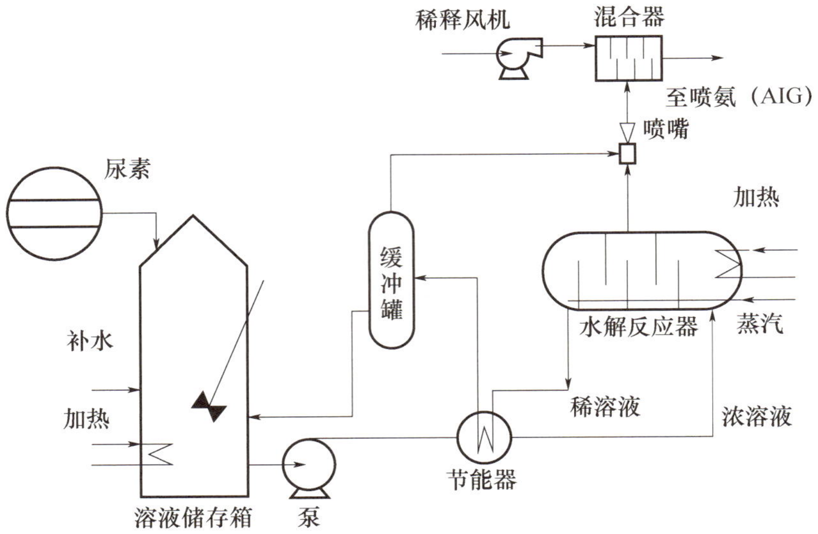

尿素水解系统的工艺流程

1. 氨水作还原剂时，使用的氨水浓度为多大？如何喷入脱硝系统？与氨接触的材料应选用什么样的材质？

2. 液氨作还原剂时，液氨汽化采用的加热热源是什么？使用中最关键的安全问题是什么？如何保证安全？

3. 尿素-氨转化系统组成是什么？尿素溶解系统作用是什么？转化成氨气的方法有几种？各自的温度为多大，所用稀释空气的温度应为多少度？

思政融入：氨还具有强烈的刺激性，对皮肤、眼睛及软组织有强烈的腐蚀作用，如不慎接触会造成伤害，氨水储量达到 10t 即构成风险源，因此在将来的工作中，氨区作业你应该如何做？

安全常识

（1）氨的爆炸浓度限值为 15%~28%，为保证氨注入烟道的绝对安全，以及氨与废气的均匀混合，需要先引入稀释风，将氨浓度降低到爆炸极限以下，即控制在 5%以内。

（2）稀释风机的作用是为氨气的稀释与混合提供空气，其出力按稀释最大废气量对应的氨气所需风量考虑，并留有裕度，稀释空气流量的控制在启动时手动调整，以后可不再调。

（3）氨对铜有腐蚀，所有与氨接触的管道、管件和阀门等部件均应严格禁铜。尿素、氨水溶液接触的设备、管道和其他部件宜采用不锈钢制造；液氨应采用碳钢。

（4）液氨属于危险化学物质，运输、储存、使用等环节应严格按危险化学品规定执行。

（5）防护装置：氨具有强烈的刺激性，对皮肤、眼睛及软组织有强烈的腐蚀作用，如不慎接触会造成伤害。为保障人身安全，应完善防护措施，如配备防护服、防毒面具。氨站还必须安装应急淋浴设施和洗眼器，应急淋浴水应为饮用水，如不慎造成与氨水接触，应立即冲洗。氨水不慎进入眼睛时，要用大量的水冲洗至少 15min，然后立即就医。

小提示

1. 氨水系统

采用氨水作为还原剂时，宜采用质量分数为 20%~25%的氨水溶液。所有与氨水溶液接触的设备、管道和其他部件宜采用不锈钢制造。氨水配入系统时，直接与稀释风机输送的空气混合后，通过喷氨格栅直接喷入管道，氨和空气的混合气体的温度应高于水冷凝温度。特别注意稀释后混合气体中氨气的体积浓度不应高于5%。

2. 液氨-氨系统

汽化器液氨通过汽化器加热汽化为气态氨。汽化器通常采用蒸汽作为加热热源，在汽化器盘管内充满液氨，管外为温水。将蒸汽直接通入水中，把水加热到一定的温度，温水将液氨汽化，并加热至常温。通过控制蒸汽流量，可调整水浴温度。通常，将水温控制在50℃左右，当水的温度高过设定值时，应切断蒸汽源或减少蒸汽供应量，也可采用电加热的方法维持水温。汽化器出口管道上装有压力控制阀和温度检测器，将氨气压力、温度控制在设定值内。汽化器还装有安全阀，可防止设备压力过高。另外，应配备一个备用的汽化器，保证系统的安全运行。

缓冲罐：汽化器出来的氨气先储存在缓冲罐中，缓冲罐起到稳定供氨气流的作用。有些工程也采用内置式氨气缓冲罐，即缓冲罐与液氨蒸发罐集成为一体。外置缓冲罐可能会出现氨气冷凝现象，当这种情况出现时，由于测试信号无法正确反映缓冲罐的运行状态，很容易出现设备误操作，从而引发故障。而使用内置缓冲罐则不会出现这种问题，避免了对设备的误操作，提高了设备运行的安全性。

氨气泄漏检测器：液氨储存及供应系统周边设有若干只氨气泄漏检测器，以检测氨气的泄漏，并显示大气中氨的浓度。当检测器测得大气中氨浓度过高时，会在机组控制室发出警报，操作人员可采取必要的措施防止氨气泄漏。

氮气吹扫系统：脱硝系统最关键的安全问题是保持液氨储存及供应系统的严密性，防止氨气的泄漏和氨气与空气的混合造成爆炸。基于此方面的考虑，供氨系统的卸料压缩机、液氨储罐、氨气汽化器、氨气缓冲罐等都应备有氮气吹扫管线。在设备初次投运或检修后投运、液氨卸料之前，必须通过氮气吹扫管线对与氨直接接触的设备分别进行严格的系统严密性试验和氮气置换，防止泄漏的氨气与系统中残余的空气混合造成爆炸。

废氨排放系统：排放出的液态氨或气态氨通过装有水的氨吸收罐进行吸收，再经由废水泵送到工业废水处理站进行处理。

防护装置：氨具有强烈的刺激性，对皮肤、眼睛及软组织有强烈的腐蚀作用，如不慎接触会造成伤害。为保障人身安全，应完善防护措施，如配备防护服、防毒面具。氨站还必须安装应急淋浴设施和洗眼器，应急淋浴水应为饮用水，如不慎造成与氨水接触，应立即冲洗。氨水不慎进入眼睛时，要用大量的水冲洗至少 15min，然后立即就医。

3. 尿素-氨转化系统

尿素-氨转化系统一般由固体尿素储存、尿素溶解和尿素水解（或热解）三部分组成。其中，固体尿素储存系统包括干料仓、螺旋卸料机、气化风系统等。固体尿素一般储存在钢制储仓内，由于尿素的吸潮性很强，为了避免板结，储仓需要装设汽化系统，还需配有电加热器，以将加热后的空气注入仓底汽化板。干料通过螺旋输送机送往溶解箱，螺旋输送机采用变频电机驱动，实现给料的计量。尿素溶解系统包括溶解箱及其蒸汽加热器、溶解搅拌器、尿素溶液储存箱及其蒸汽加热器、尿素溶解循环泵等，尿素溶解系统的作用是将干尿素溶解成浓度为 40%~50%的尿素溶液。

尿素水解在水解反应器中进行。水解反应器为压力容器，采用 316L 不锈钢材料制造，内置多层隔板，装设有蒸汽预热器，通过蒸汽系统对尿素溶液进行预热。水解蒸汽通过装设在水解反应器底部的喷嘴直接喷射到尿素溶液中，使之达到 130~180℃的反应温度。通过蒸汽压力来控制水解反应器的压力，多层隔板可以增加反应时间，使反应更加充分。

尿素溶液水解后的产物为 NH_3、CO_2 和 H_2O 的混合气体。

水解产物经干燥后，送往氨气稀释系统，加入空气后稀释成浓度为 5%的氨气，送往氨喷射系统。与液氨系统不同的是，稀释空气需要加热到 175℃以上，避免 NH_3 与 CO_2 在低温下逆向反应生成氨基甲酸盐。同样原因，成品氨气输送管道需要进行伴热，介质温度需要维持在 175℃以上。

除水解之外，也可通过热解使尿素转化为氨。尿素热解系统包括尿素溶液输送装置、计量分配装置、背压控制阀、热解室、高温风机、电加热器及控制装置等。与尿素水解类似，在尿素热解过程中，尿素溶液经由输送装置、计量分配装置进入热解室。计量分配装置可根据系统的需要自动控制喷入热解室的尿素量。在热解室中，来自空气预热器出口并经高温风机（如需要）和电加热器加热的高温（350~600℃）空气热解尿素溶液，生成 NH_3、H_2O 和 CO_2，分解产物与稀释空气混合均匀并喷入脱硝系统。

思政融入：氨具有强烈的刺激性，对皮肤、眼睛及软组织有强烈的腐蚀作用，如不慎接触会造成伤害，因此在生产、维修氨储罐过程中应遵守相关技术规范，不能违规操作，安全无小事，始终将生产安全放在第一位。

引导问题5：反应器系统

1. 熟悉SCR工艺脱硝原理

SCR系统基本化学反应过程

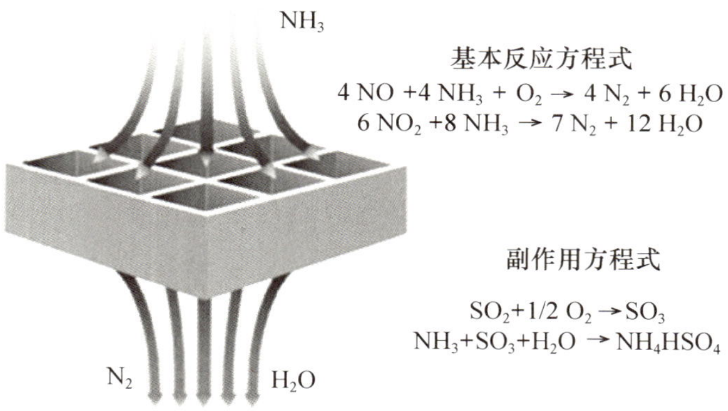

（1）SCR废气脱硝工艺使用的还原剂有哪些？

（2）使用不同还原剂优缺点是什么？

（3）SCR废气脱硝工艺原理是什么？

2. 了解 SCR 主要构件的作用，熟悉常用的催化剂，说明影响催化剂使用寿命的因素。

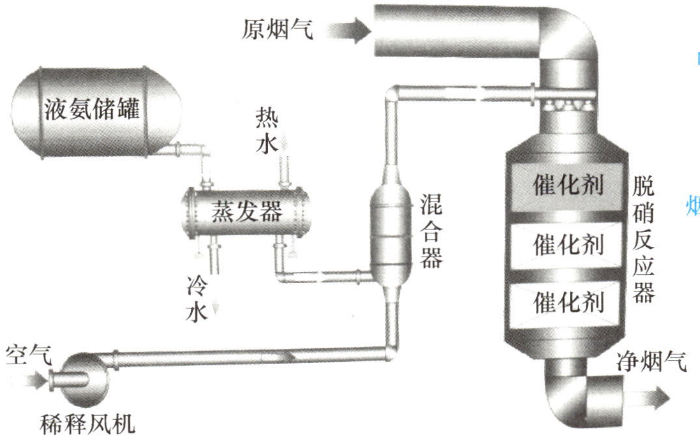

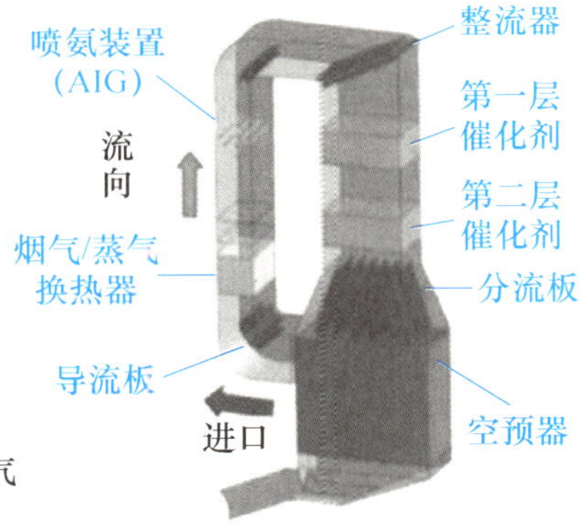

（1）喷氨格栅的作用是什么？整流器的作用是什么？

______

______

______

（2）目前常用的催化剂有哪些？使用温度范围大约是多少？使用寿命大约是多长？

______

______

______

（3）影响催化剂使用寿命的因素有哪些？

______

______

______

3. 了解实际生产过程中常用催化剂的结构形式及催化剂再生方法。

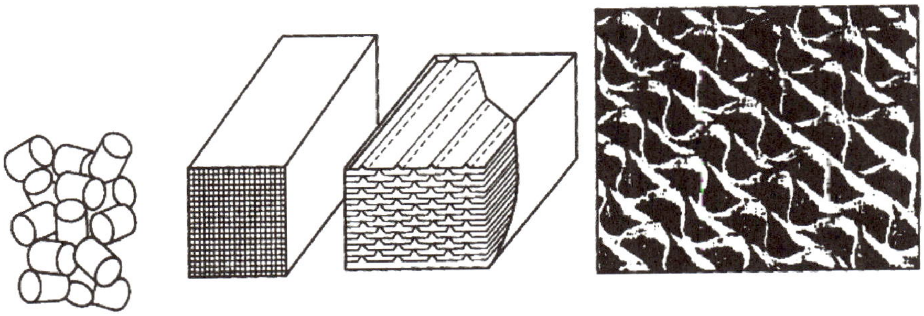

（1）图中催化剂的结构形式名称分别是什么？

（2）三种催化剂的优缺点比较

序号	结构形式	优点	缺点	再生方法

4. 催化剂积灰后如何解决。

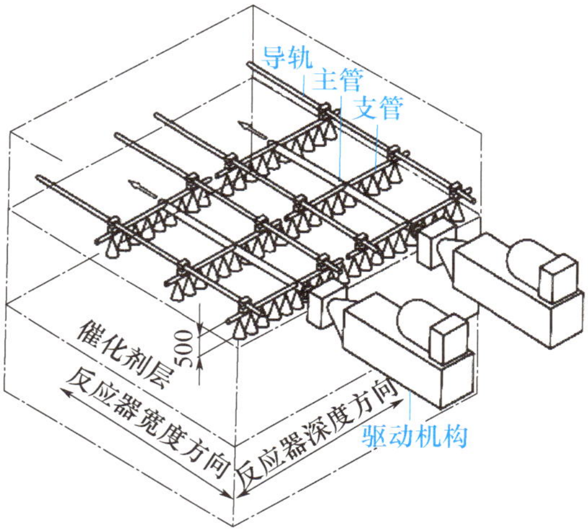

（1）吹灰器的作用是什么？是什么结构？

（2）吹扫气是什么？吹扫工作顺序是什么？

思政融入：脱硝后的催化剂属于危险废物，对于危险固体废物，国家相继出台了哪些法律法规、技术规范和标准，你应该如何履行自己的职责？

小提示

1. SCR 工艺脱硝原理

选择性催化还原法（SCR）通常用氨作为还原剂，是在铂或非重金属催化剂的作用下，在较低温度条件下，NH_3 有选择地将尾气中的 NO_x 还原为 N_2，而基本上不与氧发生反应的方法。该法催化剂易得，还原剂的起燃温度低，催化床与出口气体温度较低，有利于延长催化剂寿命和降低反应器对材料的要求。该法脱硝效率高，在钢铁、玻璃、水泥、硝酸生产等行业应用广泛。

SCR 脱硝的还原剂主要是氨水、液氨和尿素，无论采用何种还原剂，实际起作用的组分皆为 NH_3。其化学反应方程式如下：

$$4NH_3+4NO+O_2 \xrightarrow{\text{催化剂}} 4N_2+6H_2O$$

2. SCR 主要构件的作用、催化剂的种类及影响使用寿命的因素

喷氨格栅：在催化反应器之前的烟道中，注入的氨气与废气的混合程度直接关系到脱硝效率和氨逃逸率这两个关键性能指标。为此，需要设置喷氨格栅来均布氨气、强化混合。

喷氨格栅一般采用碳钢制造，其形式较多，但一般由安装在烟道垂直断面上的若干喷氨支管与支管上的喷嘴组成。

废气与注入的氨气经过喷氨格栅，提高氨气与废气的混合程度后，首先通过折角导流栅，流向发生变化。在最后进入催化反应层之前，再流过小尺寸的正方形整流栅（图 5-12），进一步提高混合程度，并确保在催化剂层的水平断面上气流均匀分配。

V_2O_5/TiO_2 类催化剂是广泛应用的商业化废气脱硝催化剂。之所以选择 TiO_2 为载体，是因为 TiO_2 不仅具有较大的比表面积，而且具有较高的抗 SO_2 性能。与其他金属氧化物（如 Al_2O_3、ZrO_2 等）相比，在 TiO_2 表面生成的硫酸盐的稳定性差。V_2O_5 作

为催化剂的主要活性组分，其含量对 NO_x 脱除效率影响很大。一般来说，当 V_2O_5 含量较低时，脱硝效率随 V_2O_5 含量的增大而提高，但当 V_2O_5 含量达到一定值后，继续增大 V_2O_5 含量，脱硝效率不增反降。另外，由于 V_2O_5 具有催化氧化 SO_2 的作用，所以过高的 V_2O_5 含量会导致硫酸铵、硫酸氢铵形成的可能性增加。

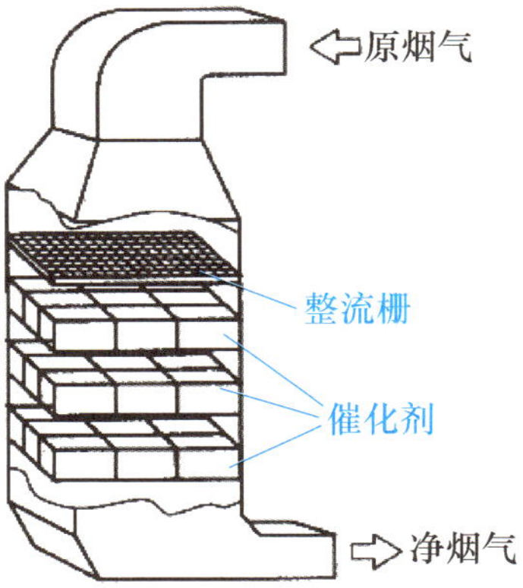

图 5-12　正方形整流栅

V_2O_5/TiO_2 类催化剂包括 $V_2O_5-WO_3/TiO_2$、$V_2O_5-MoO_3/TiO_2$、$V_2O_5-WO_3-MoO_3/TiO_2$ 等，在这些催化剂中，WO_3 含量较大，大约能够占到 10%（质量分数），其主要作用是提高催化剂的活性和热稳定性；MoO_3（氧化钼）含量在 6%左右，在提高催化剂活性的同时可防止废气中 As 导致催化剂中毒。

影响催化剂使用寿命的因素如图 5-13 所示。

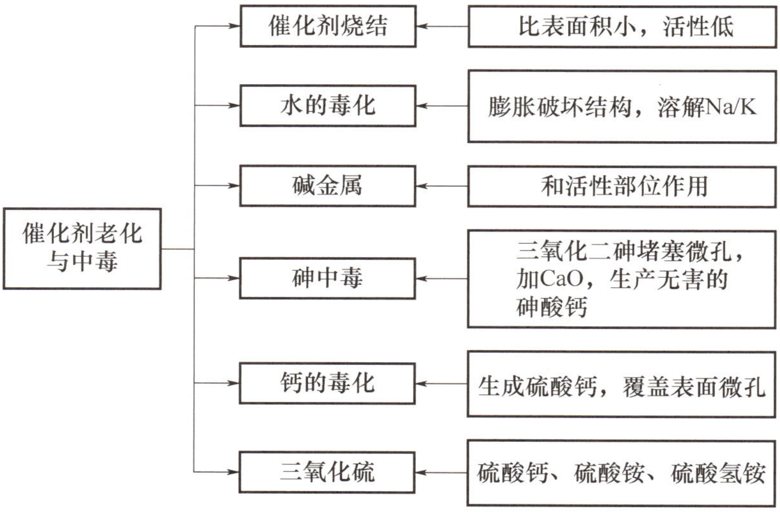

图 5-13　催化剂老化与中毒

3. 常用催化剂的结构形式及催化剂再利用方法

工业应用的 SCR 催化剂呈蜂窝状、板状和波纹状。

蜂窝状 SCR 催化剂属于均质催化剂，经挤压成型、切割、干燥和烧结等工序，制成满足工业要求的蜂窝状催化剂模块。由于催化剂本体全部是催化剂材料，因此其表面遭受一定程度机械破损后，经过再生处理，仍能维持原有的活性。蜂窝状催化剂具有模块化、相对质量较轻、长度易于控制、比表面积大、回收利用率高等优点，因此应用最为广泛。

板状 SCR 催化剂为非均质催化剂，采用金属板作为基材浸渍催化剂组分，然后烧结成型。活性组分与蜂窝状 SCR 催化剂相似。板状 SCR 催化剂的优点是高尘废气环境适应性更好。但是，当其表面遭到破损后，将不能维持原有的催化性能，催化剂难以再生。

波纹状 SCR 催化剂也是非均质催化剂，采用波纹形纤维板或陶瓷板作基材，浸渍催化剂组合并烧结成型。催化剂表面遭到灰分冲刷等破坏磨损后，也不能维持原有的催化性能，催化剂再生几乎不可能。其优点是比表面积较大，压降较小。

失效催化剂的处理方式：清洗回用、再生、废弃处置。

清洗回用：结构完整，有较高活性的催化剂，一般由催化剂生产厂家，使用专用设备进行清洗，检验合格后继续使用。

再生：已经残缺但仍有较高活性的催化剂可由催化剂原料提供商或其他专业机构，经粉碎提炼出催化剂生产所需原料，再制造新的催化剂。

废弃处理：催化剂成分包括 TiO_2、V_2O_5、WO_3、MoO_3 等，其中 TiO_2 属于无毒物质、V_2O_5 是微毒物质，吸入有害；MoO_3 也是微毒物质，长期吸入或吞服有严重危害。

虽然催化剂属于微毒物质，但在使用过程中，废气中的重金属可能在催化剂的表面聚集，因此失效的催化剂作为危险废物处理。处理方法：

（1）破碎后按照危毒化学物品的处理要求，在填埋坑底做好防渗处理。

（2）催化剂研磨后与燃煤混合，经锅炉高温燃烧，热解后的催化剂材料与粉煤灰一起进行处理。

（3）交由有危废处置资质和有经验处理厂处置。

4. 催化剂积灰后如何解决

废气中飞灰影响催化效率，通常需在 SCR 反应器中安装吹灰器，以除去覆盖在催化剂表面及堵塞气流通道的积灰，从而使反应器的压降保持在较低水平，并充分发挥催化剂的活性。

吹灰器通常为可伸缩的耙形结构，采用蒸汽或空气进行吹扫。一般每层催化剂的上面都设置有吹灰器，各层吹灰器的吹扫时间错开，即每次只吹扫一个催化剂层或单层中的部分催化剂。吹灰时，通常从最上层催化剂开始，止于最下层催化剂。

思政融入：

脱硝后的催化剂属于危险废物，对于危险固体废物，国家相继出台《中华人民共和国固体废物污染环境防治法》《危险废物填埋污染控制标准》《危险废物焚烧污染控制标准》等法律法规及标准，我们应该认真履行自己的职责，养成良好的职业道德，按照国家要求处理处置危险废物，不能采用逃避监管的方法随意自行处置。

引导问题 6：控制系统

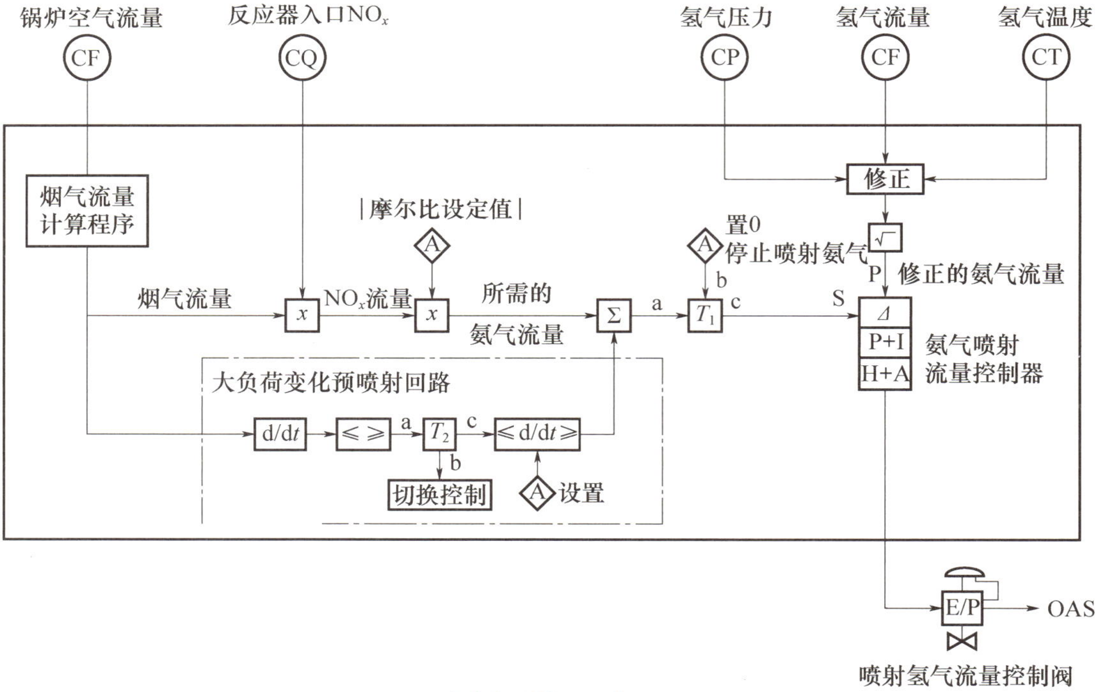

固定摩尔比控制调节原理

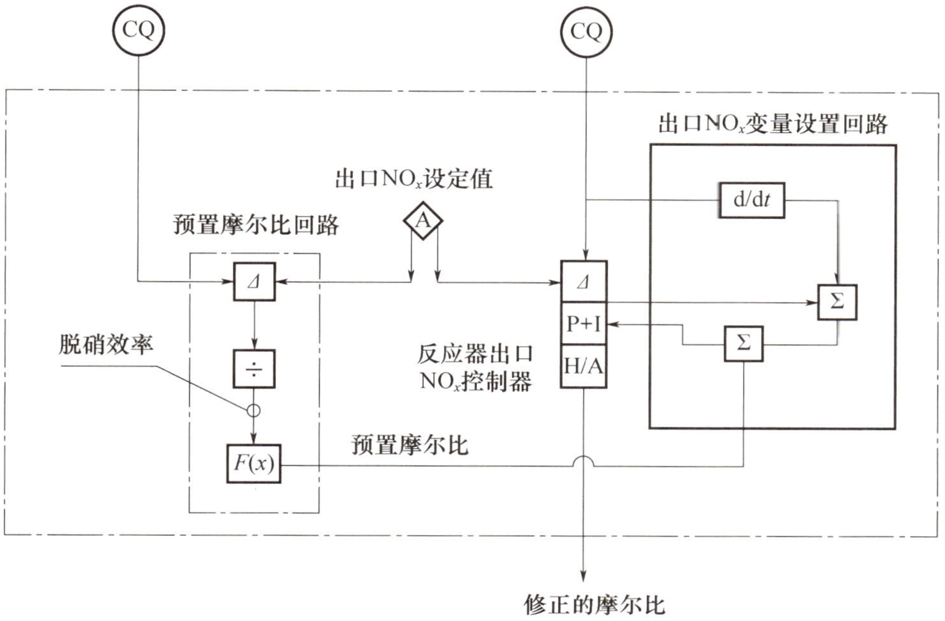

出口 NO_x 定值控制原理

根据上图回答如下问题。

1. SCR 脱硝工艺中，控制系统主要包括哪些方面的控制？

2. 如何实现稀释风量控制？

3. 如何实现 SCR 反应器吹灰器控制？

4. 如何实现液氨蒸发器水温控制？

5. 如何实现氨气缓冲罐压力控制？

小提示

1. 喷氨量控制

脱硝喷氨系统控制通常采用两种方式：固定摩尔比控制方式和出口 NO_x 定值控制方式。固定摩尔比控制方式是基于检测到的反应器入口 NO_x 浓度和废气流量值，再根据确定的 NH_3/NO_2（摩尔比），计算所需要的氨气流量。NH_3/NO_2（摩尔比）在现场测试操作期间确定，同时根据设计的脱硝效率、入口 NO_x 浓度和氨泄漏限制，计算出修正的摩尔率，并输入氨气流量控制系统程序。SCR 控制系统根据计算出的氨气流量，定位氨气流控制阀，实现对脱硝的自动控制。

出口 NO_x 定值控制是根据入口 NO_2 浓度实测值和出口 NO_2 浓度设定值，计算出脱硝效率和预置 NH_3/NO_x（摩尔比）。以预置 NH_3/NO_x（摩尔比）作基准，再通过出口 NO_x 浓度实测值与出口 NO_x 浓度设定值的比较，对预置 NH_3/NO_x（摩尔比）进行修正，最终确定控制系统当前需要的 NH_3/NO_x（摩尔比），控制氨的喷射，从而有效地控制脱硝系统，保证出口 NO_x 浓度稳定在设定值上。

2. 稀释风量控制

控制稀释风量的目的是保证氨气在满足一定稀释比的条件下进入 SCR 反应器。脱硝系统要求将氨气混合比控制在 5%以下。通常风机选型应综合考虑与氨气喷入量关系。为更经济地运行、实现不同负荷下的最佳稀释比，可通过调整稀释风机入口风量匹配不同负荷下氨气喷入量。稀释比应作为重要监视信号进入保护联锁逻辑，在稀释比超出保护值的情况下自动断开脱硝喷氨系统。

3. SCR 反应器吹灰器控制

吹灰系统由 DCS 系统控制。对于蒸汽吹灰，喷吹系统通常由吹灰动力柜及蒸汽吹灰器两部分组成。

声波吹灰是通过电磁阀的瞬间开闭产生一定能量的声波，对烟道及 SCR 进行灰尘吹扫。

4. 液氨蒸发器水温控制

该调节系统通过控制蒸发器的电加热器实现蒸发器内水浴温度的恒定。水温设定值输入 PID 控制器与实测值比较后，输出调节信号控制电加热器调节水浴温度，使氨气至缓冲罐能维持一定的温度和压力。

5. 氨气缓冲罐压力控制

通过调节蒸发器入口的压力调节阀控制氨气缓冲罐的压力，以保证系统稳定的供氨压力。

综合素质培养——企业案例分析，进行决策

引导问题7：SCR脱硝工艺布置有如下三种形式，小组内讨论每个学生的选择，分析优劣，确定小组方案。

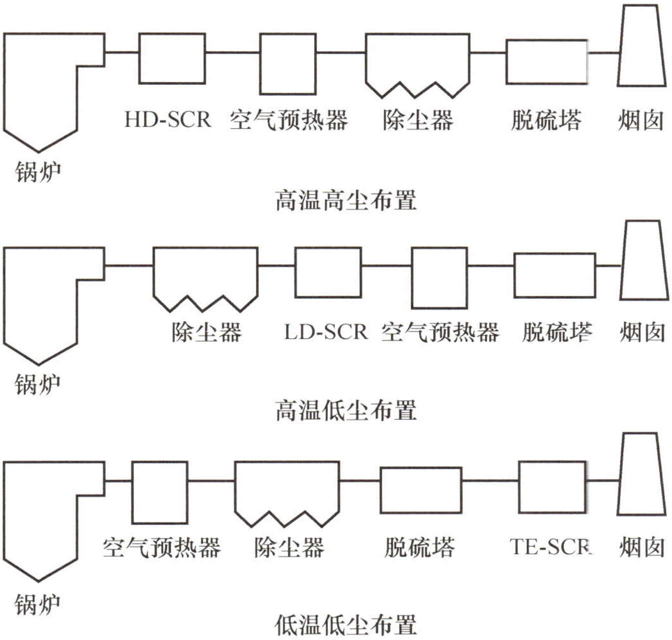

方案比较

比较项目	布置方式			
	高温高尘布置	高温低尘布置	低温低尘布置	组内成员
本组选用方案		选用理由		

引导问题 8：SCR 脱硝工艺效率下降，小组讨论分析可能原因并填于下表。

造成 SCR 法脱硝效率下降的原因

组内成员	原因	理由
最主要的原因		理由

课程思政——践行环保理念，培养责任感

引导问题 9：氮氧化物的危害有哪些？作为环保专业学生为实现环境宜居你应该怎么做？肩负的责任是什么？

专业能力评价——量化考核，综合评价

学生进行自评，评价自己是否能够完成引导问题，是否能全面正确分析企业生产中遇到的案例问题；老师根据学生的纪律性、协作性、实训报告完成情况、知识掌握情况进行评价。

（1）学生根据自己对问题回答情况及素质问题进行自我评价，将评价结果填于表 5-18。

表 5-18　学生自评表

班级：	姓名：	学号：	
学习任务 2	废气脱硝净化治理		
评价项目	评价标准	分值	得分
SCR 废气脱硝工艺流程的认知	根据流程图能正确判定工艺流程的组成部分	10	
SCR 工艺脱硝原理	能正确书写反应方程式	5	
SCR 主要构件的作用，熟悉常用的催化剂，说明影响催化剂使用寿命的因素	能正确说明 SCR 法脱硝本体设备的主要作用，能正确掌握常见的催化剂种类，至少能说出三种影响催化剂使用寿命的原因	15	
实际生产过程中常用催化剂的结构形式及催化剂再利用方法	能正确回答常用催化剂的结构形式 能正确回答催化剂再利用方法	10	
催化剂积灰后如何解决	能正确回答催化剂积灰问题的解决方案	5	
SCR 脱硝工艺布置选择	选择理由充分	15	
造成 SCR 法脱硝效率下降的原因	回答全面，至少回答三种	15	
学习态度	态度端正，无无故迟到、早退现象	5	
协作能力	与小组同学能合作交流，协作完成任务	5	
安全意识	具有安全意识，按规范操作意识	5	
职业精神	有良好的职业道德和职业精神	10	
合计		100	

（2）以小组为单位，对上述学习内容、结果、态度及队内表现进行互评，将评价结果填于表 5-19。

表 5-19　学生互评表

被评价人：															
评价人：															
评价项目	分值	等级								评价对象					
										1	2	3	4	5	6
团队合作	10	优	10	良	8	中	7	差	5						
案例分析	20	优	20	良	17	中	15	差	10						
组织有序	10	优	10	良	8	中	7	差	5						
团队贡献	20	优	20	良	17	中	15	差	10						
学习态度	10	优	10	良	8	中	7	差	5						
安全意识	10	优	10	良	8	中	7	差	5						
职业精神	20	优	20	良	17	中	15	差	10						
合计	100														

（3）教师对学生工作过程、知识综合利用能力进行评价，并将评价结果填于表 5-20。

表 5-20　教师综合评价表

班级：		**姓名：**	**学号：**	
评价教师：				
评价项目		**评价标准**	**分值**	**得分**
考勤（10%）		具有良好的自律性，无无故迟到、早退现象	10	
职业素质（70%）	SCR 废气脱硝工艺流程的认知	根据流程图能正确判定工艺流程的组成部分	10	
	SCR 工艺脱硝原理	能正确书写反应方程式	10	
	SCR 主要构件的作用，熟悉常用的催化剂，说明影响催化剂使用寿命的因素	能正确说明 SCR 法脱硝本体设备的主要作用，能正确掌握常见的催化剂种类，至少能说出三种影响催化剂使用寿命的原因	10	
	实际生产过程中常用催化剂的结构形式及催化剂再利用方法	能正确回答常用催化剂的结构形式 能正确回答催化剂再利用方法	10	
	催化剂积灰后如何解决	能正确回答催化剂积灰问题的解决方案	10	
	SCR 脱硝工艺布置选择	选择理由充分	10	
	造成 SCR 法脱硝效率下降的原因	回答全面，至少回答三种	10	
思政素质（20%）	学习态度	态度端正，认真主动	5	
	协作能力	与小组同学能合作交流，协作完成任务	5	
	安全意识	具有安全意识，按规范操作意识	5	
	职业精神	有良好的职业道德和职业精神	5	
合计			100	
综合得分	自评（40%）	小组互评（30%）	教师评价（30%）	综合得分

任务3 VOCs净化治理

学习情景描述

通过搜集资料了解什么是挥发性有机化合物（VOCs），了解挥发性有机物对气候变化的影响，增强专业认知，提升专业认同感。

知识目标	技能目标	思政目标
1. 了解 VOCs 的基本概念； 2. 了解 VOCs 净化技术常用标准技术规范； 3. 熟悉 VOCs 的基本处理技术	1. 能正确选择最佳治理技术； 2. 能够利用所学知识灵活分析生活中、生产中的专业问题	1. 培养学生团队协作精神； 2. 培养学生创新意识和规范意识

任务书

了解 VOCs 污染治理的复杂性、常用（主流）VOCs 治理技术及各类治理技术的使用条件，能够结合实际选择最佳治理技术，实现达标排放。

任务分组

表 5-21　学生任务分配表

班级		组号		指导老师	
组长		学号			
组员	（见下表）				
任务分工					

组员：

姓名	学号	姓名	学号

基础知识巩固——专业内容引入

引导问题 1：挥发性有机化合物（VOCs）基本概念

什么是挥发性有机化合物（VOCs）?

小提示

挥发性有机化合物，常用 VOCs 表示，它是 Volatile Organic Compounds 三个词第一个字母的缩写，总挥发性有机物有时也用 TVOC 来表示。根据世界卫生组织（WHO）的定义，VOCs 是在常温下，沸点 50～260℃ 的各种有机化合物。在我国，VOCs 是指常温下饱和蒸汽压大于 70Pa、常压下沸点在 260℃ 以下的有机化合物，或在 20℃ 条件下，蒸汽压大于或者等于 10Pa 且具有挥发性的全部有机化合物。

引导问题 2：VOCs 种类及主要排放特征

1. VOCs 种类有哪些？

____

____

2. VOCs 的主要排放特征是什么？

____

____

小提示

VOCs 具有较强的活性，它们在大气中可以是一次挥发物的气态；也可以在紫外线照射下或 PM_{10} 颗粒物中发生无穷无尽的变化，再次生成为固态、液态或二者并存的二次颗粒物。

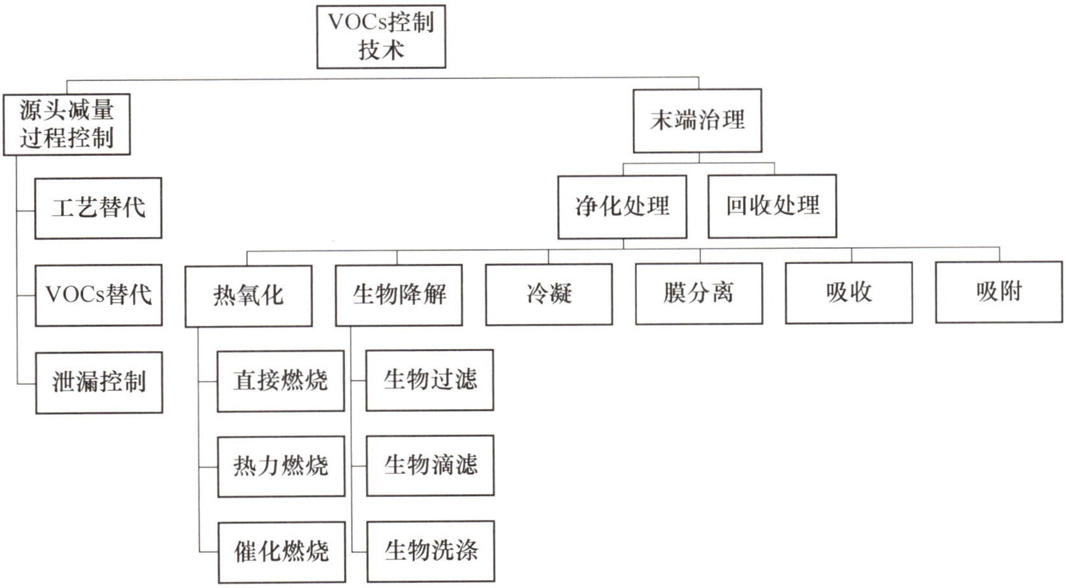

图 5-14　VOCs 控制技术

引导问题 3：VOCs 污染防治应遵循的原则

VOCs 污染防治应遵循________、________与________相结合的综合防治技术原则。

VOCs 污染防治应遵循源头减量和过程控制与末端治理相结合的综合防治原则。在工业生产中采用清洁生产技术，严格控制含 VOCs 原料与产品在生产和储运销过程中的 VOCs 排放，鼓励对资源和能源的回收利用，鼓励在生产和生活中使用不含 VOCs 的替代产品或低 VOCs 含量的产品。

综合素质培养——提升专业综合素质

引导问题 4：认真阅读下列素材，简述传统文化中体现的生态思想。

公元前 5000 年，古人在烧制陶瓷的陶窑上安装了烟囱，便于烟气排出，这既提升了燃烧效率又改善了工作环境附近的空气。春秋战国时期，百家争鸣，众多思想家便已开始思考人与自然应如何相处。老子说："人法地，地法天，天法道，道法自然"，这就是强调人与自然和谐统一。《孟子·梁惠王上》中有一段名言："不违农时，谷不可胜食也；数罟不入洿池，鱼鳖不可胜食也；斧斤以时入山林，材木不可胜用也。"这是强调农业生产要"顺应天时"，客观上反映了合理利用自然资源、保护生态平衡的观点。《礼记·中庸》说："中也者，天下之大本也；和也者，天下之达道也。致中和，天地位焉，万物育焉。""中和"简称为"和"，是中华传统文化的核心，即不同的事物聚在一起却能协调和谐、共生并存、互相促进，实现"和而不同"。孔子曰"子钓而不纲，弋不射宿"，荀子云"草木荣华滋硕之时，则斧斤不入山林，不夭其生，不绝其长也"，说明古人早已认识到生态环境的重要性。

____

____

____

____

小提示

中华民族向来尊重自然、热爱自然，绵延 5000 多年的中华文明孕育着丰富的生态文化。生态兴则文明兴，生态衰则文明衰。传统文化价值为环境保护提供了朴素的价值取向。通过传承传统文化价值理念，讲授目前我们国家所面临的大气污染问题，将传统文化价值引入课堂，从而提升学生的“家国情怀”。中华文明，是世界上最古老的文明之一，在岁月流逝中积淀了很多优秀的传统文化，需要我们继续发扬光大。让学生在专业学习中重温经典，了解中国传统文化所蕴含的价值，使其与当代社会相适应，从而构建和谐社会。

引导问题5：认真阅读下列素材，简述建设现代生态文明的重要性。

2010—2019年，我国GDP的平均年增长率为10.45%，能源消费年增长率为6.14%，能源消费的迅猛增长导致大气环境的严重污染，进而讲解挥发性有机化合物（VOCs）的产生及其控制技术原理。

2022年能源消费总量比上年增长2.9%。

____

____

____

____

小提示

我国正在大力推进“五位一体”总体布局，指经济建设、政治建设、文化建设、社会建设、生态文明建设，“大气污染控制工程”要服务于“五位一体”建设，更好地为环境可持续发展提供支撑。

专业能力培养——获取专业知识

引导问题6：控制挥发性有机化合物（VOCs）排放的重点行业

控制挥发性有机化合物（VOCs）排放的重点行业有哪些？

____

____

____

____

小提示

重点行业挥发性有机化合物（VOCs）污染控制项目见表5-22。

表5-22　重点行业挥发性有机化合物（VOCs）污染控制项目

编号	重点控制行业名称	排放源定义	控制要求
1	石油化工	行业代码C25：石油加工、炼焦及核燃料加工业（原油加工及石油制品制造）	1. 逐步建立有机废气排放数据库，各地方环保部门根据当地实际情况制定各行业重点企业监管名录对重点名录中的企业逐步建立在线监测系统，强制采取挥发性有机化合物排放削减措施，实施挥发性有机物（VOCs）生产使用全过程封闭式作业，严控工艺过程中逃逸性有机气体的排放。 2. 严格饮食服务业新建项目市批制度。城市市区内的居民住宅或者以居民居住为主的商住楼内禁止新建产生油烟污染的餐饮服务经营场所。继续推进饮食服务业使用清洁能源工作，确保城区内排放油烟的餐饮企业和单位食堂油烟净化装置安装率达100%
2	涂料生产	行业代码C264：涂料、油墨、颜料及类似产品制造业（涂料制造）	
3	油墨生产	行业代码C264：涂料、油墨，预料及类假产品制造业（油墨制造）	
4	合成材料生产	行业代码C265：合成材料制造业	
5	食品饮料生产	行业代码C15：饮料制造业	
6	化学药品原药制造	行业代码C271：医药制造业（化学药品原药制造业）	
7	黑色和有色金属冶炼	行业代码C32：黑色金属冶炼及压延加工业（炼铁业及炼钢业）	
8	轮胎制造	行业代码C291：轮胎制造业	
9	纺织印染	行业代码C171：棉、化纤纺织及印染精加工业	
10	塑料制品制造	行业代码C30：塑料制品业	
11	鞋类制造	除C192皮革制品制造业之皮鞋制造业以外，还包括其他鞋类，如布鞋、胶鞋和橡胶鞋的制造	
12	印刷和包装印刷	行业代码C231：印刷业	
13	木材加工	行业代码C20：木材加工及木、竹、藤、棕、草制品业（锯材加工业及木片加工）	
14	家具制造	行业代码C21：家具制造业	
15	喷涂行业	主要包括行业代码C34：金属制品业；C35：通用设备制造业；C36：专用设备制造业；C39：电气机械及器材制造业	
16	交通运输设备制造、修理与维护	行业代码C371：交通运输设备制造与修理业	
17	餐饮业	行业代码I67：餐饮业	

引导问题 7：致力于从源头和过程控制 VOCs 的排放，有哪些针对性治理措施？

1. 从哪些方面入手来减少有机溶剂用量？

____

____

____

2. 如何采取有效措施控制 VOCs 泄漏？

____

____

____

3. 油品有机物储运和加注过程中为什么会出现呼吸损耗？

____

____

____

____

小提示

充入、呼吸和排空损耗示意如图 5-15 所示。

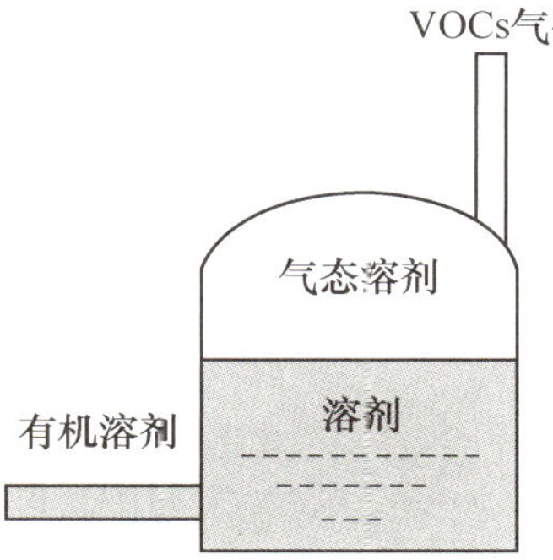

图 5-15　充入、呼吸和排空损耗示意图

由于气压的变化，一定浓度的有机蒸汽会从呼吸阀呼出，造成蒸发损失。当从容器中抽取液体时，液面下降，吸入新鲜空气，由于液面上方有机蒸汽没有饱和，有机蒸发速度加快时期，重新达到饱和状态，当有机物充入容器时，液面上升，容器上的气态空间减少，有机物蒸汽会通过顶部排气筒排出。

引导问题 8：VOCs 治理回收技术

1. 按是否回收 VOCs，末端治理技术可分为________处理和________处理两大类。

2. 回收处理 VOCs 技术包括________、________、________、________等方法。

3. 冷凝法是采用________、________的方法，使处于蒸汽状态的 VOCs 凝结，继而从气相分离。

小提示

VOCs末端治理技术众多，主要分为回收和销毁两类。回收技术，指通过冷凝、吸收、吸附、膜分离等方法，对废气中VOCs进行回收利用；销毁技术，指对难以回收的VOCs采用直接燃烧、蓄热式热力燃烧（RTO）、蓄热式催化燃烧（RCO）、等离子体技术等方法，将其分解为水和二氧化碳。在实际应用中，为达到预期治理效果，可多种技术组合应用，实现不同技术间的互补协同，以满足VOCs的达标排放要求。

引导问题9：加油站加油与卸油过程油气回收（图5-16和图5-17）

1. 加油站加油过程主要采用什么方式回收油气？

____

____

2. 加油站卸油过程主要采用什么方式回收油气？

____

____

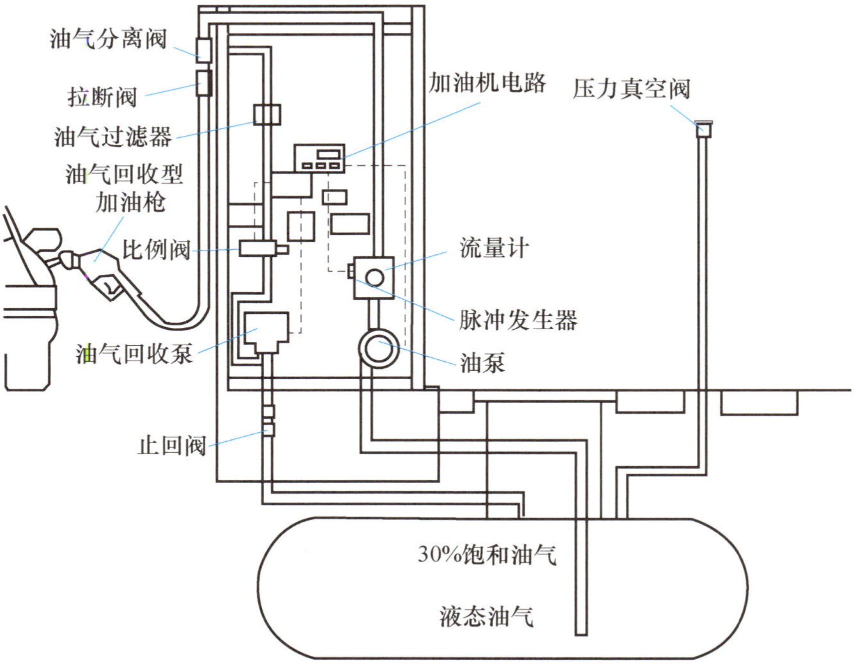

表5-16　加油过程油气回收示意图

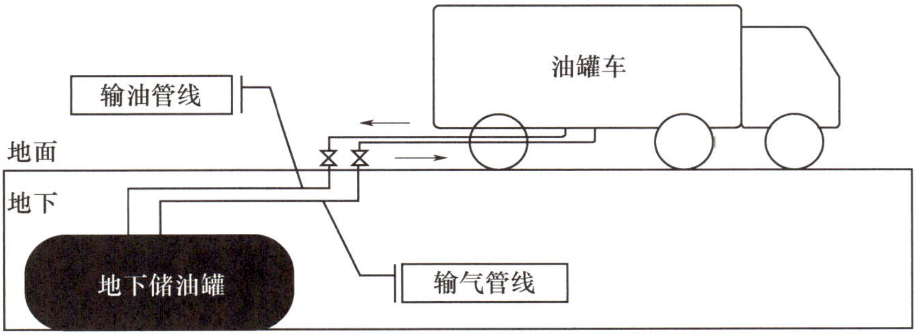

表 5-17　加油站卸油过程油气回收示意图

引导问题 10：吸附法净化 VOCs 技术（图 5-18）

1. 我国处理大风量、低浓度 VOCs 设备多以什么作为吸附材料？

2. VOCs 回收净化吸附剂主要有哪些？

3. 影响 VOCs 吸附效果的主要因素有哪些？

4. 活性炭吸附剂价格较高，结合活性炭吸附回收 VOCs 工艺如何实现循环使用？

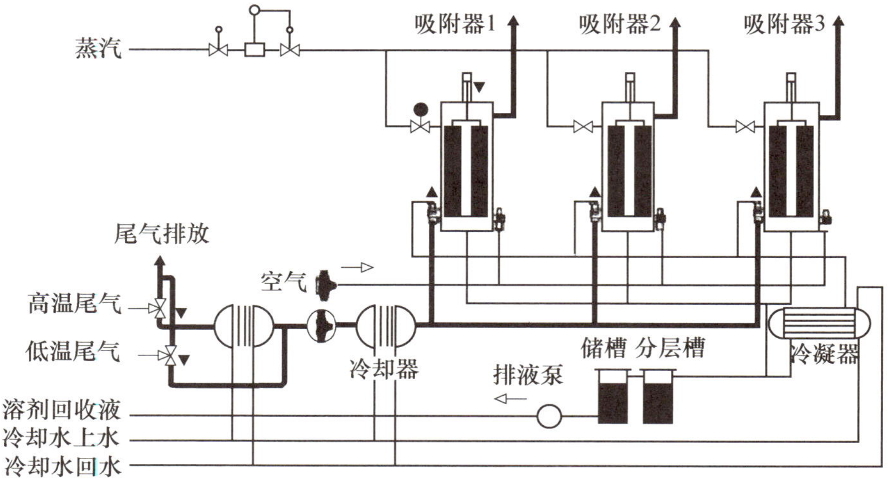

图 5-18　吸附-回收净化工艺流程

5. 吸收法处理 VOCs 气体时，VOCs 气体的吸收分离效果主要取决于 ________ 和________。

6. 吸收法处理 VOCs 气体时，如何实现 VOCs 气体从吸收剂中分离出来？

7. 吸收法处理 VOCs 时（图 5-19），常用的吸收装置有哪些？各有哪些特点？

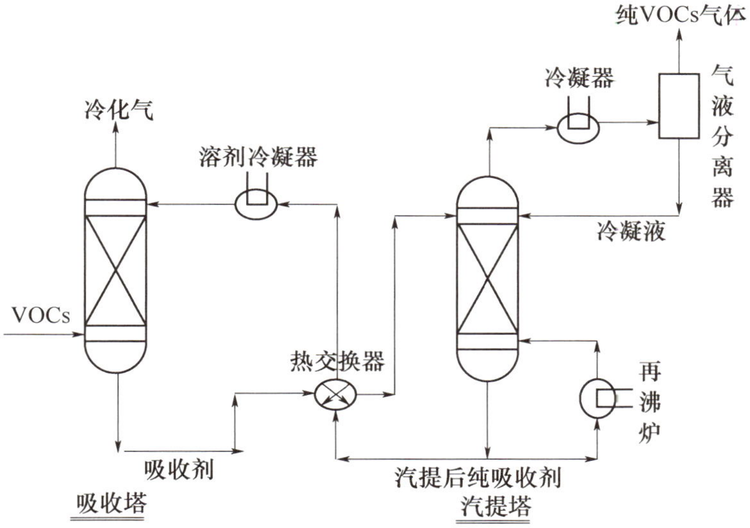

图 5-19　VOCs 吸收工艺

引导问题 11：膜分离法回收 VOCs 技术（图 5-20）

1. 膜分离法回收 VOCs 的原理是什么？

______

______

______

______

______

2. 膜分离法回收 VOCs 有哪些优点？

______

______

______

______

______

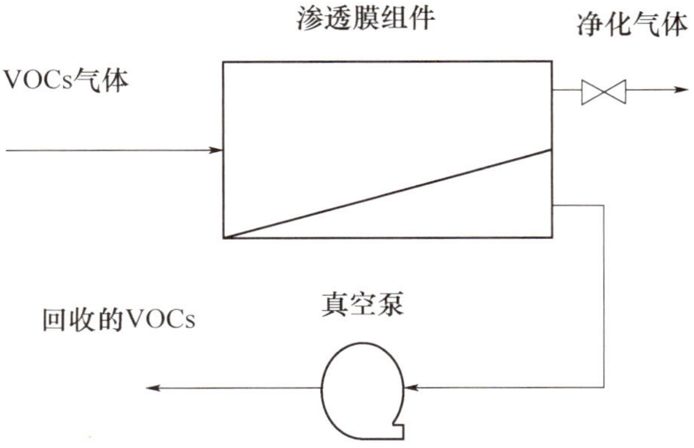

图 5-20　膜分离法回收 VOCs 系统

引导问题 12：热氧化处理 VOCs 技术（图 5-21）

1. 热氧化处理 VOCs 技术主要包括________、________和________。

2. 什么是可燃组分的爆炸极限浓度范围？

3. 直接燃烧技术与热力燃烧技术处理 VOCs 的主要区别有哪些？

4. 热力燃烧工艺流程中为什么不将辅助燃料与全部待处理废气混合？

5. 处理 VOCs 组分时，影响热力燃烧的主要因素有哪些？

6. 与常规催化燃烧技术相比，蓄热催化燃烧技术的优点是什么？

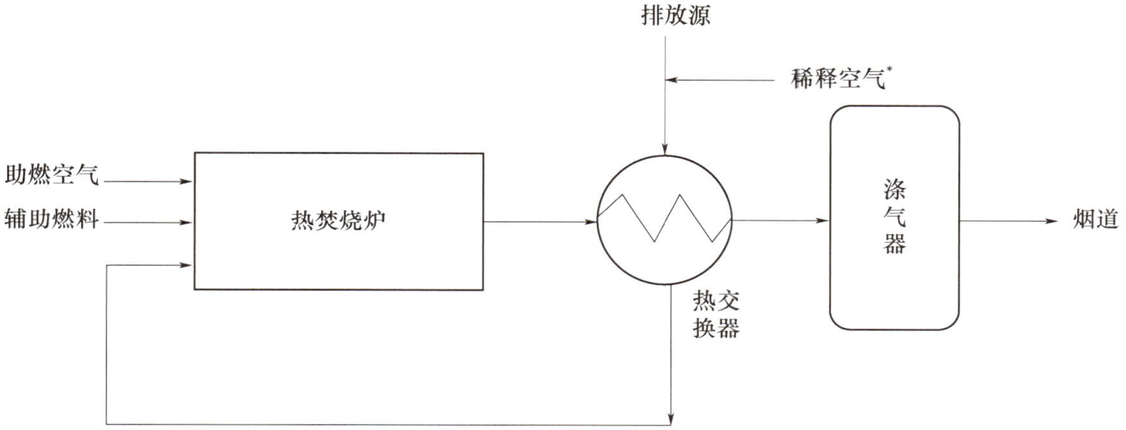

图 5-21 热力燃烧工艺流程示意

知识拓展——提升专业综合素质

引导问题 13：如何选择 VOCs 最佳实用治理技术？

1. 选择最佳的 VOCs 治理措施，从技术上应考虑哪些因素？

2. 选择最佳的 VOCs 治理措施，从经济上应考虑哪些因素？

小提示

VOCs 浓度范围与治理技术选择，如图 5-22 所示。

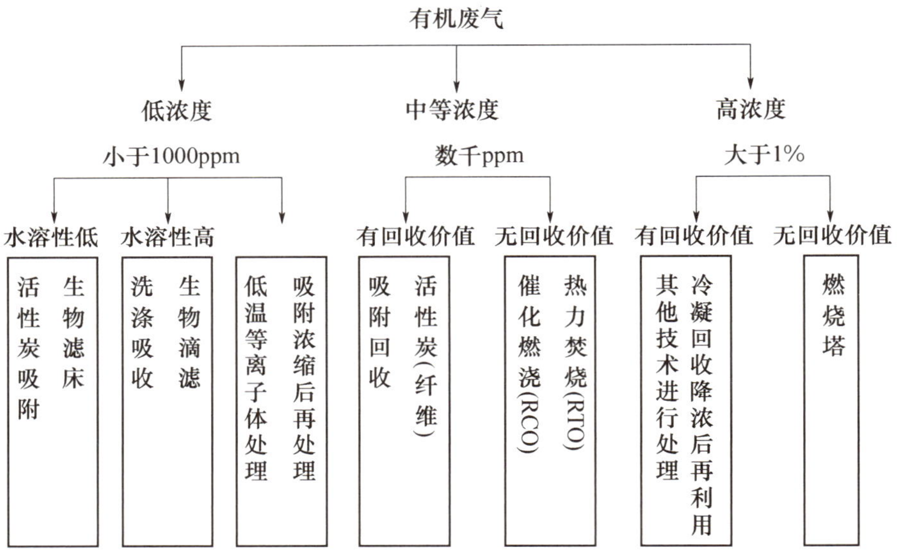

注：ppm=10^{-6}。

图 5-22　VOCs 浓度范围与治理技术选择

需要重点考虑的一些细节：

(1) 有机物的回收价值（是否进行回收?）；

(2) 污染物的沸点（冷凝? 吸附剂再生能力?）；

(3) 废气的湿度，对技术选择具有重要影响；

(4) 污染物的水溶，吸附能力、溶剂分离提纯问题；

(5) 污染物的可生物降解的能力；

(6) 废气的排放方式（连续排放、间歇式排放?）。

专业能力评价——量化考核，综合评价

学生进行自评，评价自己是否能够完成引导问题，是否能全面正确分析企业生产中遇到的案例问题；老师根据学生的纪律性、协作性、实训报告完成情况、知识掌握情况进行评价。

（1）学生根据自己对问题回答情况及素质问题进行自我评价，将评价结果填于表 5-23。

表 5-23　学生自评表

班级：	姓名：	学号：	
学习任务 3	VOCs 净化治理		
评价项目	评价标准	分值	得分
VOCs 的基本概念	表述正确	10	
VOCs 控制技术途径	分析准确	10	
油品类有机物呼吸损耗控制	表述准确	10	
回收处理 VOCs 技术	表述准确	10	
影响吸附 VOCs 性能因素	表述准确	10	
氧化处理 VOCs 技术	表述准确	10	
综合素质	分析全面，表述准确	10	
学习态度	态度端正，无无故迟到、早退现象	5	
协作能力	与小组同学能合作交流，协作完成任务	5	
职业素质	综合能力强，能够从环保角度看待问题	5	
创新意识	有自己独到的见解	15	
合计		100	

（2）以小组为单位，对上述学习内容、结果、态度及队内表现进行互评，将评价结果填于表 5-24。

表 5-24　学生互评表

被评价人：																
评价人：																
评价项目	分值	等级								评价对象					
										1	2	3	4	5	6
团队合作	10	优	10	良	8	中	7	差	5						
案例分析	20	优	20	良	17	中	15	差	10						
组织有序	10	优	10	良	8	中	7	差	5						
团队贡献	20	优	20	良	17	中	15	差	10						
学习态度	10	优	10	良	8	中	7	差	5						
学习能力	10	优	10	良	8	中	7	差	5						
创新意识	20	优	20	良	17	中	15	差	10						
合计	100														

（3）教师对学生工作过程、知识综合利用能力进行评价，并将评价结果填于表 5-25。

表 5-25　教师综合评价表

班级：		姓名：	学号：	
评价教师：				
评价项目		评价标准	分值	得分
考勤（10%）		无无故迟到、早退现象	10	
职业素质（60%）	VOCs 的基本概念	正确说出判断标准名称及功能分区	10	
	VOCs 控制技术途径	表述准确	10	
	油品类有机物呼吸损耗控制	表述准确，熟练掌握	10	
	回收处理 VOCs 技术	表述准确，熟练掌握	10	
	影响吸附 VOCs 性能因素	表述准确，熟练掌握	10	
	氧化处理 VOCs 技术	表述准确，熟练掌握	10	

续表

评价项目		评价标准	分值	得分
思政素质（30%）	学习态度	态度端正，认真主动	10	
	专业知识灵活运用	表述准确，熟练掌握	5	
	协作能力	与小组同学能合作交流，协作完成任务	5	
	职业素质	专业知识扎实，环保意识强，责任感强	5	
	创新意识	能够提出新颖的想法，有自己独到的见解	5	
合计			100	

综合得分	自评（40%）	小组互评（30%）	教师评价（30%）	综合得分

任务4 其他烟气净化治理

学习情景描述

通过相关途径了解恶臭气体有哪些排放来源，增强专业认知，提升专业认同感。

学习目标

知识目标	技能目标	思政目标
1. 了解恶臭气体的成分； 2. 了解恶臭污染物排放标准； 3. 了解含铅废气净化治理； 4. 了解沥青烟净化治理； 5. 了解汞蒸气净化治理	1. 能正确选择臭气污染物的治理方法； 2. 能够正确选择汞蒸气的治理方法	1. 培养学生团队协作精神； 2. 培养学生创新意识和规范意识

任务书

了解恶臭气体的种类及恶臭污染物的基本处理技术，对于含铅废气、沥青烟、汞蒸气等能够结合实际选择最佳治理技术，实现达标排放。

任务分组

表 5-26 学生任务分配表

<table>
<tr><td>班级</td><td></td><td>组号</td><td></td><td>指导老师</td><td></td></tr>
<tr><td>组长</td><td></td><td>学号</td><td></td><td></td><td></td></tr>
<tr><td>组员</td><td colspan="5">
<table>
<tr><td>姓名</td><td>学号</td><td>姓名</td><td>学号</td></tr>
<tr><td></td><td></td><td></td><td></td></tr>
<tr><td></td><td></td><td></td><td></td></tr>
<tr><td></td><td></td><td></td><td></td></tr>
<tr><td></td><td></td><td></td><td></td></tr>
<tr><td></td><td></td><td></td><td></td></tr>
<tr><td></td><td></td><td></td><td></td></tr>
</table>
</td></tr>
<tr><td colspan="6">任务分工</td></tr>
</table>

获取专业知识

引导问题 1：恶臭污染物基本概念

什么是恶臭污染物？恶臭气体污染物的种类有哪些？

小提示

通过相关网站或图书查看《恶臭污染物排放标准》。

思政教育——先进性、创新性与规范性的统一

引导问题 2：2018 年，生态环境部对《恶臭污染物排放标准》修订稿（以下简称《恶臭标准》）公开征求意见，请简要说明标准修订的原因及修订内容是什么，标准的修订体现了什么？

____

____

____

____

____

____

____

小提示

恶臭污染是典型的扰民污染，与人民群众生活环境密切相关。1993 年颁布的《恶臭污染物排放标准》GB 14554—1993 是我国恶臭管理的重要依据，在我国固定源恶臭污染物排放管理、改善人居空气质量等方面发挥了重大的作用。但是随着人民对美好生活环境要求的不断提高，GB 14554—1993 已经不能完全适应我国当前与今后生态环境保护工作的需要。主要表现在以下几个方面：

一是部分恶臭污染物排放限值要求偏低。GB 14554—1993 实施以来，人民群众的环保意识逐步增强，对于美好生活环境的需求不断提高，标准中部分污染物的排放限值已不能满足当前和未来人民群众对于周边生活环境的空气质量要求，有时会出现企业达标排放但公众依然有投诉的情况。

二是排放限值分区设置已不适应现在环境管理的需要。GB 14554—1993 标准依据 1982 年颁布的《大气环境质量标准》GB 3095—1982 中划分的一类、二类、三类区标

准，将恶臭污染物标准分为一级、二级、三级，不同区域的排污单位执行不同的排放限值。GB 3095—1982 历经 1996 年第一次修订、2000 年第二次修订、2012 年第三次修订，标准名称修改为《环境空气质量标准》GB 3095—2012。GB 3095—1982 已不能作为依据。更重要的是，恶臭污染是对于人的嗅觉感官的扰民污染，人的嗅觉通常不会因为区域的不同而产生明显的变化，对于分区执行不同排放限值的原则需要修订。

三是对污染物排放单位的主体责任要求不够。GB 14554—1993 中缺少对恶臭污染物排放单位的主体责任要求，缺乏密闭生产、废气收集和处理以及减少无组织排放的管理规定，不能适应我国强化排污者责任、减少无组织排放方面的管理要求。

四是引用的监测分析方法有待更新。GB 14554—1993 中引用的部分污染物监测分析方法已经废止，一批新发布的标准分析方法没有引用到标准中，需要更新。

通过与 GB 14554—1993 相比，《恶臭标准》修订的具体内容包括以下几个方面：

一是明确了《恶臭标准》与行业排放标准的关系。针对部分已颁布的行业标准中涉及恶臭污染物排放控制要求的情况，规定固定污染源大气污染物排放标准（即行业标准）中规定的恶臭污染物排放控制要求按其规定执行，未规定的恶臭污染物排放控制要求执行《恶臭标准》；

二是依据《中华人民共和国大气污染防治法》第四章第五节第八十条修改了《恶臭标准》的适用范围，从适用于“全国所有向大气排放恶臭气体单位及垃圾堆放场”修改为“生产经营活动中产生恶臭气体的企业事业单位和其他生产经营者”；

三是取消了标准分级，所有区域执行统一的浓度限值；

四是加严了 8 种恶臭污染物的排放限值和周界浓度限值；

五是不再根据排气筒高度执行不同的臭气浓度排放限值，统一执行 1000 的标准；

六是调整了排气筒最高允许排放速率的计算方法，使用内插法计算排气筒最高允许排放速率；

七是完善了污染物排放控制要求和监测要求，强化了恶臭污染物排放单位的主体责任。

标准的修订体现国家经济、技术政策的发展要求，要体现创新与规范的统一，要有一定的先进性；技术标准的制定与修订要在充分调研基础上进行。

引导问题3：臭气浓度基本概念

什么是臭气浓度？臭气浓度与恶臭污染物质浓度有何区别？

____

____

____

____

____

小提示

通过网络或相关图书了解有关臭气浓度的概念。

引导问题4：恶臭气体的基本处理技术

恶臭气体的基本处理技术有哪些？

____

____

____

____

____

引导问题5：脱臭方法

当除臭要求高且被处理的恶臭气体难于用单一的方法满足要求时可采用 ________ 脱臭方法。

小提示

根据《大气污染治理工程技术导则》HJ 2000—2010

7.4.3　恶臭气体处理技术的选用原则

7.4.3.1　当难以用单一方法处理以达到恶臭气体排放标准时，宜采用联合脱臭法。

7.4.3.2　物理类的处理方法宜作为化学或生物处理的预处理，在达到排放标准要求的前提下也可作为唯一的处理工艺。

7.4.3.3　化学吸收类处理方法宜用于处理大流量和高、中浓度的恶臭气体。在处理大流量气体方面工艺成熟，净化效率相对不高，处理成本相对较低。

7.4.3.4 化学吸附类的处理方法宜用于处理低浓度、多组分的恶臭气体。属常用的脱臭方法之一，净化效果好，吸附剂的再生较困难，处理成本相对较高。

7.4.3.5 化学燃烧类的处理方法宜用于处理连续排气、高浓度的可燃性恶臭气体，净化效率高，处理费用高。

7.4.3.6 化学氧化类的处理方法宜用于处理高、中浓度的恶臭气体，净化效率高，处理费用高。

7.4.3.7 生物类处理方法宜用于气体浓度波动不大，浓度较低或复杂组分的恶臭气体处理，净化效率较高。

引导问题6：含铅废气来源

含铅废气有来源有哪些？

____

____

____

____

____

引导问题7：含铅废气治理方法分类

1. 含铅废气治理方法可分为________和________两大类。

2. 对于粒径在0.1μm以下的气溶胶状铅烟采用什么吸收方法效果好？

____

____

____

____

____

3. 印刷行业和熔铅锅排出的烟气采用什么吸收方法净化效率高？

____

____

____

小提示

含铅烟气的治理方法可分为干法与湿法两大类。干法包括布袋除尘、电除尘等，湿法有水洗法、酸性溶液吸收法、碱性溶液吸收法等。静电法是利用烟尘在高压静电场的作用下带上电荷成为带电粒子，粒子向着异性电极方向迁移，沉积在电极上的原理来分离铅尘的。过滤法是利用高效滤料阻挡的方法，滤除铅烟粒子净化空气，采用此法净化效率较高。净化后的空气可再循环利用，减少通风热损失，达到节能的目的。布袋除尘及电除尘都是高效的除尘方法，对于铅尘，因其粒径比较大，一般采用袋式除尘就可以达到净化要求。但对于粒径在 0.1μm 以下的气溶胶状铅烟，虽也可采用电除尘和布袋除尘，其脱除效率有限，而采用化学吸收的方法具有较好的效果，为此常先用干法除去较大颗粒铅尘，然后以酸性或碱性溶液吸收，具有较高的净化效率。化学吸收法常用的吸收剂有稀醋酸、草酸和 NaOH 溶液等。

引导问题 8：国内治理汞蒸气的方法

国内治理汞蒸气的方法主要有________、________和________方法。如果来自污染源的含汞气体浓度很高，应先采用________方法预处理。

引导问题 9：沥青烟来源及净化方法

1. 沥青烟的来源有哪些？

____

____

____

2. 沥青烟的净化方法主要有哪些？

____

____

____

小提示

目前，国内外净化处理沥青烟气的方法主要有以下几种。

（1）焚烧法：适用于产生超大烟气量的企业。焚烧法就是把烟气中的烃类、可燃炭粉和焦油雾滴燃烧，分解成 CO_2、H_2O。此法效率高，但须另建焚烧炉，并加温至800~900℃，燃烧时间控制严格，容易造成不完全燃烧和二次污染，投资和运行成本很高，只在极少部分烟气量大的企业有使用。

（2）等离子静电净化技术：适用于中等烟气量的企业。静电捕集净化设施中的电场产生电晕放电，放电产生于正负电极之间，在脉冲高压电下对空气放电，从而产生等离子体。等离子体中的 OH^-、O^{2-}、H^+、O_3 等打开各种有害气体的分子键，使之分解为简单分子，从而使非甲烷总烃、苯并［a］芘、氮氧化物等有害气体降解和氧化，最终产物为二氧化碳和水。同时，静电捕集净化设施采用直流叠加脉冲的技术，使设备中的油烟瞬间凝结成大颗粒油滴，从而被收集在集油板上，并在等离子体的轰击下被沉降到焦油收集池内。与此同时，等离子体中的高能活性自由基，对未形成大油滴的油量微粒、有机物质和异味进行降解处理，从而保证了设备具有很高的净化率。此种方法净化率可达95%以上，处理后的沥青烟气可以满足国家排放标准。其优点是占地小，操作管理简单，且无二次污染，适用于中等烟气量的企业。

（3）活性炭吸附法：适用于产生极少量烟气的企业。此方法是以活性炭吸附箱与烟气进行混合，通过活性炭的分子吸收，净化气相中的有害成分。此法投资少，运行费用低，操作维修方便，但吸附效率不高，活性炭更换频繁。

（4）吸收法（湿法）：沥青烟气和有机类液体（洗涤油）直接接触，使得焦油粒子、烟尘凝沉下来，从而达到净化沥青烟气的目的。但是沥青烟气中的大部分成分并不溶于水或溶剂，因此，该类设备对沥青烟气的净化效率不高。

专业能力评价——量化考核，综合评价

学生进行自评，评价自己是否能够完成引导问题，是否能全面正确分析企业生产中遇到的案例问题；老师根据学生的纪律性、协作性、实训报告完成情况、知识掌握情况进行评价。

（1）学生根据自己对问题回答情况及素质问题进行自我评价，将评价结果填于表5-27。

表 5-27 学生自评表

班级：	姓名：	学号：	
学习任务 4	其他烟气净化治理		
评价项目	评价标准	分值	得分
恶臭气体的种类	表述正确	10	
臭气浓度与恶臭污染物质浓度的区别	分析准确	10	
恶臭气体的基本处理技术	表述准确	10	
汞蒸气治理方法	表述准确	10	
含铅废气治理方法	表述准确	10	
沥青烟的净化方法	表述准确	10	
综合素质	分析全面，表述准确	10	
学习态度	态度端正，无无故迟到、早退现象	5	
协作能力	与小组同学能合作交流，协作完成任务	5	
职业素质	综合能力强，能够从环保角度看待问题	5	
创新意识	有自己独到的见解	15	
合计		100	

（2）以小组为单位，对上述学习内容、结果、态度及队内表现进行互评，将评价结果填于表 5-28。

表 5-28 学生互评表

被评价人：															
评价人：															
评价项目	分值	等级								评价对象					
										1	2	3	4	5	6
团队合作	10	优	10	良	8	中	7	差	5						
案例分析	20	优	20	良	17	中	15	差	10						
组织有序	10	优	10	良	8	中	7	差	5						
团队贡献	20	优	20	良	17	中	15	差	10						
学习态度	10	优	10	良	8	中	7	差	5						
学习能力	10	优	10	良	8	中	7	差	5						
创新意识	20	优	20	良	17	中	15	差	10						
合计	100														

（3）教师对学生工作过程、知识综合利用能力进行评价，并将评价结果填于表 5-29。

表 5-29　教师综合评价表

<table>
<tr><td colspan="2">班级：</td><td colspan="2">姓名：</td><td colspan="2">学号：</td></tr>
<tr><td colspan="6">评价教师：</td></tr>
<tr><th colspan="2">评价项目</th><th colspan="2">评价标准</th><th>分值</th><th>得分</th></tr>
<tr><td colspan="2">考勤（10%）</td><td colspan="2">无无故迟到、早退现象</td><td>10</td><td></td></tr>
<tr><td rowspan="6">职业素质（60%）</td><td>恶臭气体的种类</td><td colspan="2">正确说出判断标准名称及功能分区</td><td>10</td><td></td></tr>
<tr><td>臭气浓度与恶臭污染物质浓度的区别</td><td colspan="2">表述准确</td><td>10</td><td></td></tr>
<tr><td>恶臭气体的基本处理技术</td><td colspan="2">表述准确，熟练掌握</td><td>10</td><td></td></tr>
<tr><td>汞蒸气治理方法</td><td colspan="2">表述准确，熟练掌握</td><td>10</td><td></td></tr>
<tr><td>含铅废气治理方法</td><td colspan="2">表述准确，熟练掌握</td><td>10</td><td></td></tr>
<tr><td>沥青烟的净化方法</td><td colspan="2">表述准确，熟练掌握</td><td>10</td><td></td></tr>
<tr><td rowspan="5">思政素质（30%）</td><td>学习态度</td><td colspan="2">态度端正，认真主动</td><td>5</td><td></td></tr>
<tr><td>规范意识</td><td colspan="2">有规范意识</td><td>10</td><td></td></tr>
<tr><td>协作能力</td><td colspan="2">与小组同学能合作交流，协作完成任务</td><td>5</td><td></td></tr>
<tr><td>职业素质</td><td colspan="2">专业知识扎实，环保意识强，责任感强</td><td>5</td><td></td></tr>
<tr><td>创新意识</td><td colspan="2">能够提出新颖的想法，有自己独到的见解</td><td>5</td><td></td></tr>
<tr><td colspan="4">合计</td><td>100</td><td></td></tr>
<tr><td rowspan="2">综合得分</td><td>自评（40%）</td><td>小组互评（30%）</td><td>教师评价（30%）</td><td colspan="2">综合得分</td></tr>
<tr><td></td><td></td><td></td><td colspan="2"></td></tr>
</table>

任务学习成果检验
企业案例分析

项目导读

本模块主要学习了二氧化硫、氮氧化物和 VOCs 气态污染物控制方法和解决措施，学生通过学习能够针对不同行业的气态污染物进行污染判断并提出合理治理措施。

学习目标

知识目标	1. 熟悉二氧化硫污染判断、净化原理、净化控制措施； 2. 熟悉氮氧化物污染判断、净化原理、净化控制措施； 3. 熟悉 VOCs 污染判断、净化原理、净化控制措施
能力/技能目标	1. 会进行达标判断； 2. 会根据实际工况提出合理措施
素养目标	在工作中需要高度的细心和耐心，具备对生产的预判能力，并具有安全意识和环保意识

学习成果

为有效提升对污染物达标排放控制知识的掌握，有目标、有重点地学习、研究和应用实践，实现本项目的学习目标，特设计了一个学习成果案例分析，期望你能按时、高质量地完成。

一、学习成果——案例分析

学习成果名称：设备制造行业大气污染物综合治理

某新建专用设备制造厂，主体工程包括铸造、钢材下料、铆焊、机加工、电镀、涂装、装配等车间；公用工程的空压站、变配电所、天然气调压站等；环保设施有电镀车间废水处理站、全厂废水处理站、危险废物暂存仓库、固体废物转运站等。

铸造车间生产工艺如图5-23所示，商品芯砂（含石英砂、酚醛树脂、氯化铵），以热芯盒工艺（200~300℃）生产砂芯；采用商品型砂（含膨润土、石英砂、煤粉）和砂芯经震动成型、下芯制模具，用于铁水浇铸。

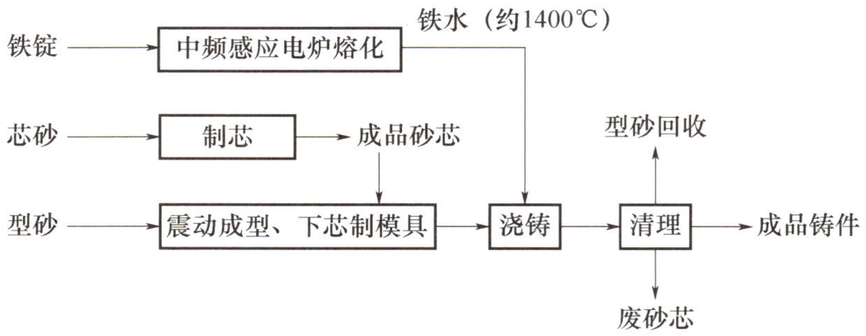

图5-23 铸造车间生产工艺

铸件清理工部生产性粉尘产生量100kg/h，铸造车间设置通风除尘净化系统，粉尘捕集率95%，除尘效率98%。

机加工车间使用的化学品有水基乳化液（含油类、磷酸钠、消泡剂、醇类）、清洗剂（含表面活性剂、碱）、机油。

涂装车间设有独立的水旋喷漆室、晾干室和烘干室。喷漆室、烘干室废气参数见表5-30。喷漆室废气经20m高排气筒排放，晾干室废气经活性炭吸附处理后由20m高排气筒排放；喷漆室定期投药除渣。

表5-30 喷漆室、烘干室废气参数

设施名称	废气量 (m^3/h)	污染物浓度 (mg/m^3)		温度（℃）	湿度
		非甲烷总烃	二甲苯		
喷漆室	6000	50	25	25	过饱和
烘干室	2000	1000	500	100	忽略

注：25℃饱和空气含湿率为3.8%，《大气污染物综合排放标准》GB 16297—1996规定，二甲苯允许排放浓度限值为70mg/m；排气筒高度20m时允许排放速率为1.7kg/h。

本项目涉及的主要原辅料理化性质如下：

氯化铵：固化剂，100℃挥发（升华），337.8℃分解为氨、氯化氢；

酚醛树脂：胶粘剂，表面存在未聚合单体，200℃开始分解，280℃大量分解。

问题：

1. 指出制芯工部和浇铸工部产生的废气污染物。
2. 计算清理工部生产性粉尘有组织排放的排放速率。
3. 判断喷漆室废气二甲苯排放是否达标，说明理由。
4. 针对烘干室废气，推荐一种适宜的处理方式。

二、学习成果评价要求

评价按照：

优秀（85 分以上）

合格（70~84 分）

不合格（低于 70 分）

评价要求（共 100 分）	优秀（分）	合格（分）	不合格（分）	评分
内容完成 30	完整齐全正确 28~30	基本齐全 24~28	问题明显<24	
原因分析全面 20	较全面 18~20	基本全面 15~18	不够全面<15	
措施合理 30	较合理 28~30	基本合理 24~28	不够合理<15	
按时完成 20	按时完成 18~20	延迟 2 日或 8 小时以内 15~18	延迟 2 日或 8 小时以上<15	
合计				

参 考 文 献

[1] 李广超，傅梅绮．大气污染控制技术［M］．2 版．北京：化学工业出版社，2011.

[2] 生态环境部环境工程评估中心．环境影响评价相关法律法规［M］．北京：中国环境出版集团，2021.

[3] 全国勘察设计注册工程师环保专业管理委员会，中国环境保护产业协会．大气污染防治工程技术与实践［M］．北京：中国环境出版集团，2021.

[4] 郝吉明，马广大．大气污染控制工程［M］．2 版．北京：高等教育出版社，2006.

[5] 林肇信．大气污染控制工程［M］．北京：高等教育出版社，1996.

[6] 吴忠标．大气污染控制工程［M］．北京：化学工业出版社，2001.

[7] 童志权．工业废气净化与利用［M］．北京：化学工业出版社，2001.

[8] GB 3095—2012 环境空气质量标准

[9] GB 14554—1993 恶臭污染物排放标准

[10] GB 16297—1996 大气污染物综合排放标准

[11] GB 13271—2014 锅炉大气污染物排放标准

[12] HJ 178—2018 烟气循环流化床法烟气脱硫工程通用技术规范

[13] HJ 179—2018 石灰石/石灰-石膏湿法烟气脱硫工程通用技术规范

[14] HJ 2020—2012 袋式除尘工程通用技术规范

[15] HJ 2053—2018 燃煤电厂超低排放烟气治理工程技术规范